自我提升的
马太效应

赵佳◎编著

THE
**MATTHEW
EFFECT**
OF
SELF-ENHAN
CEMENT

山西出版集团
山西教育出版社

图书在版编目(CIP)数据

自我提升的马太效应/赵佳 编著.—太原:山西教育出版社,2010.3

ISBN 978-7-5440-4329-8

Ⅰ.①自… Ⅱ.①赵… Ⅲ.①管理学—通俗读物 Ⅳ.①TS976.15-49

中国版本图书馆 CIP 数据核字(2010)第 004685 号

出 版 人:荆作栋

责任编辑:杨　文

选题策划:刘　峰

特约编辑:陈俞倩

复　　审:李　飞

终　　审:刘立平

视觉创意:弘文馆·马顾本

设　　计:新兴工作室

印装监制:贾永胜

出版发行:山西出版集团·山西教育出版社

　　　　　(电话:0351-4729801)　邮编:030002

印　　刷:三河市华晨印务

印　　次:2010 年 3 月第 1 版　2010 年 3 月第 1 次印刷

开　　本:880×1230　1/32

印　　张:8.25

字　　数:158 千字

印　　数:1-10000 册

书　　号:978-7-5440-4329-8

定　　价:28.00 元

序：成功是成功之母

到一个陌生的地方，我们往往会选择生意比较好的饭店就餐，哪怕需要在店堂中等一等，我们也不愿意去一个客人寥寥的饭店。到医院去就诊，我们宁愿在一个有名望的医生那里排长队也不愿到同一个科室医术平平的医生那里就诊。

于是，人多的饭店客人越来越多，老板的生意越做越大；而客人少的饭店人越来越少，最终门可罗雀，老板只好关门大吉。

在人类资源的分配上，"贫者越贫，富者越富"的现象更是十分普遍。富人享有更多的资源：金钱、地位以及荣誉，穷人却变得一无所有。

知名社会学家罗伯特·莫顿首次对这种"贫者越贫，富者越富"的现象进行分析，并称之为"马太效应"。

通过分析，罗伯特·莫顿首次向公众表示：任何个体、群体或地区，一旦在某一方面（如金钱、名誉、地位等）获得成功和进步，产生积累优势，就有更多的机会取得更大的成功和进步。

　　"马太效应"所揭示的道理显然与我们从小受到的教育背道而驰。"失败是成功之母"，我们从小听惯了这句话，大概我们的父母和老师都认为："只有在逆境中才能成就林肯、爱迪生这样的伟人。"我们总是在某个方面获得成功之后就被要求停止，因为我们要全面发展。我们总是不断地被告知："成功这位老师是贫乏的，失败才是最好的老师。"

　　但是，他们没有意识到："如果你没有成功的经历，别人就不会把机会交到你手里。不要怪别人，你要做点东西出来，展示一下自己的能力。成功的最大好处就是：别人对你有了信心，从而给你更多和更大的机会。有了更多和更大的机会，你才可能激发潜能，取得更大的成就。"

　　由于我们忽视从成功中进行学习，优点得不到强化，自信得不到加强，所以我们只能成为一个普通人。在这个社会，有太多人没有找到成功的起点和突破口，他们永远无法进入成功的循环，永远不会成为成功者。

　　在此，本书提醒每一个梦想成功的人，每一个认为失败是成功之母的人：成功有倍增效应，你越成功，就会有越多机会，也会越自信，而这些机会和自信又会使你取得更大的成功。从这个角度来说，成功是成功之母。

目录

Part 3 │ **警惕马太效应的泡沫**

Part 4 │ **突破马太效应的瓶颈**

Part 10 | 教育与科研领域中的幽灵

Part 1

马太效应无处不在

马太效应无处不在、无时不有，无论在生物演化、个人发展还是国家、企业间的竞争中，马太效应都普遍存在。

马太效应无处不在

《圣经》中有这样一个故事：

一位富人将要远行去国外，临走之前，他将仆人们叫到一起并把财产委托给他们保管。主人根据每个人的才干，给了第一个仆人五个塔伦特（注：古罗马货币单位），给第二个仆人两个塔伦特，给第三个仆人一个塔伦特。

拿到五个塔伦特的仆人把它们用于经商，并且赚到了五个塔伦特；同样，拿到两个塔伦特的仆人也赚到了两个塔伦特；但拿到一个塔伦特的仆人却把主人的钱埋到了土里。过了很长一段时间，主人回来了。拿到五个塔伦特的仆人带着另外五个塔伦特来见主人，他对自己的主人说："主人，你交给我五个塔伦特，请看，我又赚了五个。"

"做得好！你是一个对很多事情充满自信的人。我会让你掌管更多的事情。现在就去享受你的土地吧。"同样，拿到两个塔伦特的仆人带着他另外两个塔伦特来了，他对主人说："主人，你交给我两个塔伦特，请看，我又赚了两个。"主人说："做得好！你是一个对一些事情充满自信的人。我会让你掌管很多事情。现在就去享受你的土地吧。"最后，拿到一个塔伦特的仆人来了，他说："主人，我知道你想成为一个强人，收获没有播种的土地。我很害怕，于是就把钱埋在了地下。看那里，埋着你的钱。"

主人斥责他说："又懒又缺德的人，你既然知道我想收获没有播种的土地，那么你就应该把钱存在银行，等我回来后连本带利还给我。"说着转身对其他仆人说："夺下他的一个塔伦特，交给那个赚了五个塔伦特的人。"

"可是他已经拥有十个塔伦特了。"

"凡是有的，还要给他，使他富足；但凡没有的，连他所有的，也要夺去。"

这个故事出于《新约·马太福音》。20世纪60年代，知名社会学家罗伯特·莫顿首次将"贫者越贫，富者越富"的现象归纳为马太效应。

在人类资源的分配上，《马太福音》所预言的"贫者越贫，富者越富"现象更是十分明显。富人享有更多的资源：金钱、荣誉以及成功；穷人却变得一无所有。

据统计，目前最富有的1/5的国家占有85%的全球国民生产总值，20世纪60年代以来，最富有的国家与最穷困的1/5国家之间的差距扩大了一倍。不仅国家和地区如此，个人的财富也是如此。

处于经济黄金时期的美国人是越来越富了，还是越来越穷了呢？这个听起来近乎可笑的问题却有一个让许多美国人深思的答案：相对而言，富人更富，穷人更穷了。

美国华盛顿预算及政策研究中心和经济政策研究所同时发表报告：美国最富有和最贫穷的人之间的收入差距拉大了，而且这一差距超过了20世纪80年代和90年代的差距。现在美国民众蓦然发现，在一片繁荣的喧嚣中，贫富之间的大峡谷正在无声地裂开，而且越裂越宽。尽管在现实生活中我们对贫富差距都深有体会，但是以下数字还是可能令你惊叹不已。

在20世纪90年代末，美国收入最高的1/5家庭平均年收入约137000美元（税后）左右，而最穷的家庭平均年收入为13000美元，不到高收入家庭的1/10。调查还发现，最穷的1/5家庭在过去的10年中收入增长不到1%（扣除通货膨胀因素以后），而最富的那1/5的家庭收入增长了15%。美国前三名巨富（比尔·盖茨、沃伦·巴菲特和保尔·艾伦）个人财产的总和更是超过了全球43个最穷国家国民生产值的总和。种种数据显示，美国财富的聚集度已达到了20世纪30年代经济危机以来的最高水平。

在一些发展中国家，城乡之间、地区之间以及社会各阶层之间，贫富差距也越来越大，"穷者越穷，富者越富"的马太效应同样明显。

马太效应所描述的现象不仅存在于国家经济实力的差距上，而且存在于整个社会生活的各个方面：

——超级巨星和新兴专业的顶尖人物获得天文数字般的

薪金，并且这种趋势还在不断上涨。电影导演史蒂芬·斯皮尔伯格，1994年赚进了1.65亿美元。加梅(Joseph Jamie)这位收入最高的律师，其酬劳为9000万美元。而众多拥有同样才干的电影导演和律师，往往只能赚到这些额度的极小部分。

——一个成熟的市场往往被市场占有率第一、第二的企业所主宰，大多数公司都很难避免被淘汰出局的命运。比如美国汽车市场，通用和福特双雄并立，稳定的业绩和利润能够保证其生存不出现问题，而排名第三的克莱斯勒就一直在生死线上挣扎。虽然艾科卡一度给这个公司带来辉煌，但终究还是"人算不如天算"，几经沉浮之后，终于被奔驰公司收购。

这些现象都有一个共同的特征：任何个体、群体或地区，一旦在某一方面（如金钱、名誉、地位等）获得成功和进步，产生积累优势，就有更多的机会取得更大的成功和进步。所以说，马太效应无处不在，无时不有。

马太效应给人们揭示了一个不断增长个人和企业资源的需求原理，关系到个人的事业成功和生活幸福，因此它是影响企业发展和个人成功的一个十分重要的法则。

赢家通吃与 80/20 法则

　　与马太效应有异曲同工之妙的是另一个法则——80/20法则。

　　1897 年，在所从事的经济学研究中，意大利经济学家帕累托偶然注意到 19 世纪英国人的财富和收益模式。在调查取样中，他发现大部分的财富都流向少数人手里。

　　对于现代的大多数人来说，这一现象本身并没有什么值得大惊小怪的，但他还发现了两件非常重要的事实：

　　其一，某一个族群占总人口数的百分比，和该族群所享有的总收入或财富之间，有一项数学关系；

　　其二，这也是令帕累托真正兴奋的发现——不平衡的模式会重复出现。

　　帕累托在不同时期或不同的国家都见到了这种不平衡的现象，不管是早期的英国，还是同时代的其他国家，他发现相同的现象会一再出现，而且有数学上的准确比例。

最终，帕累托从自己的研究中归纳出这样一个结论：如果20%的人口享有80%的财富，那么可以预测，10%的人拥有65%的财富，而50%的财富，是由5%的人所拥有的。在这里，重点不是百分比，而在于一项事实：财富在人口的分配中是不平衡的——这是一个可预测的事实。

80/20成了这种不平衡关系的简称，不管结果是不是恰好如此（就统计来说，精确的80/20关系不太可能出现）。这一法则意味着赢家永远只能是少数人，赢家与输家之间，常常从开始的细微差距，发展为赢家通吃的结果。

现在，几乎没有人不知道赢家通吃是怎么回事。从个人到企业组织，这样的例子层出不穷。社会和经济生活就如同一场长跑比赛，失败者永远多于胜利者——只有一个人能赢得冠军，否则就不称其为比赛了。

此外，我们常常还能注意到关于马太效应的其他一些有趣的现象：如赢家的优势并不显著。

有一匹著名的赛马，在其竞赛生涯中曾赢过多次大奖，为主人获得了数千万元奖金，其所有参赛时间加起来还不到一个小时，但其转售的价格却比其他赛马高出100倍。

为什么会出现这种现象呢？是它比其他赛马的速度快上100倍吗？

不是，它只是比其他赛马跑得快一点点。在大多数比赛中，它只超过亚军一个鼻子，裁判甚至只能借助两匹马冲刺的录像才能确定谁输谁赢。

在人类的每一个领域，把赢家和入围者区别开来的就是这种细微的差距，而入围者占人口总数还不到5%。

想一想那些二流人物的所得所失吧！他们只比一流人物差一点点，可是在享有的声誉和利益方面却相去甚远。一类是经过努力获得回报的成功者，另一类是同样付出却功亏一篑的失败者。他们只少跑了几步——不幸的是，那是最有价值的几步。

比如，你参加了一次马拉松比赛，当跑了大部分路程，就将到达终点时，你感觉自己极度劳累、非常难受，试想一下，你是否会坚持下来？

只要还有一口气，你肯定会坚持下来，因为相对于跑过的漫长路程，余下这一段短短的距离所具有的价值和意义都是不言而喻的。没有这几步，你此前的努力将变得毫无意义；有了这几步，你才可能成为一个征服马拉松的胜利者。

人类社会的竞争如此，人们对自然界的认识也是如此。

谁都知道世界第一高峰是珠穆朗玛峰，并且还知道它的高度。但有谁知道世界的第二高峰呢？为此，不少学者对这个问题做过专项调查，甚至问过好几个地理学的博士生，但几乎没有多少人能痛痛快快地回答出来。

其实位于印度境内的乔戈里峰仅比珠穆朗玛峰低237米，这个差距还不到珠穆朗玛峰高度的3%。但正是由于这个不到3%的差距，使得排在第二名的乔戈里峰只被一些狂热的登山运动员所知晓。

仅仅是高出那么一点点，就能将名列第二的乔戈里峰给"吃"了。这样的例子很多，但现实就是如此残酷，那些影响力大一点的媒体，把广告"吃"了几亿、几十个亿，而那些没什么影响力的媒体，连几十万也没"吃"着。

赢家通吃的另外一种阐释就是"只有第一，没有第二"。韦尔奇任通用电气总裁不久就提出了著名的"NO.1 or NO.2"战略——任何一个领域，只有位居第一或第二的企业才有实力避开残酷的竞争，赢得巨额利润。

　　个人事业的发展也是如此。如果我们提问，谁是篮球王国的 NO.1，大家都会说是乔丹。但是却很少有人深思这样一个问题：在能力上第一比第十能强过几十倍吗？不是，乔丹的才华并没有比其他优秀球员强几十倍，但是他的收入却是其他优秀球员的几十倍。

　　在一个著名商业咨询机构担任顾问的教授，其职位比另一位同事高了两级，但是他得到的报酬却是他的 10 倍。"难道我真的比他能干 10 倍吗，当然不是。这就是赢家通吃的残酷现实。"他坦言道。

　　我们应该如何看待赢家通吃这一现象呢？

　　现实生活是残酷的，并不遵从公平原则。一个对生活抱有希望的人，一个想成就一番事业的人，不能仅停留在对外界的抱怨上，而是应该直面赢家通吃的现实，增强自己的心理承受能力，尽快提高自身的竞争力。

马太效应最宠爱的人

娱乐明星和顶尖人物的所得比一般人高得多，他们似乎是马太效应最宠爱的人。为什么会出现顶尖人物的这种超高酬劳的现象呢？

最有说服力的解释是出于以下两个方面的因素：

其一，托现代传播技术之赐，超级明星和顶尖人物可以同时出现在许多人眼前。就成本来说，多制造一张 CD，多印一本书，花费实在微不足道。所以，多让一个消费者接触到迈克尔·杰克逊、史蒂芬·金、帕瓦罗蒂或贝克汉姆，几乎不会产生多少额外的费用。

其二，虽然让大众接触到顶尖人物所需的广告花费和次级代替人物的花费差不多，但是请到顶尖人物的代价，却可能贵上千百万元。为什么人们还要找顶尖人物拍广告呢？

这就涉及顶尖人物高酬劳现象的第二个因素：次级人物无法取代顶尖人物的才华和表现。

如果清洁工人甲的工作只有普通工人的一半，则人家愿意出行情价的一半来请甲。但若某人唱歌只有迈克尔·杰克逊或帕瓦罗蒂的一半好，谁愿意出价钱的一半来找他呢？由于非顶尖人物吸引的观众少，所以，就算不花钱请来非顶尖人物，其经济价值必定比顶尖人物逊色许多。

市场经济是一种注意力经济，人们只会把注意力集中在顶尖的竞争者身上，多数人只知道几个棒球手、科学家、雕塑家和政治人物的名字。而在商业大战中，人们只能记住几个有限的品牌。决定这种赢家通吃现象的并不是我们所理解的知识，而是对注意力资源的占有程度。

有趣的是，这种顶尖人物与非顶尖人物之间获利的悬殊情况，过去并不存在。例如，20世纪四五十年代的篮球或足球高手并没有获得太多的钱。过去，优秀的政治人物去世时，家境仍是清寒的。愈往过去看，所谓赢家通吃的现象愈不明显。

17世纪的莎士比亚和达·芬奇与同时代的人相比，确实是才华出众。按照今日的情况来看，他们完全可以凭借自己的才华和名气成为千万富翁。可是，他们获得的待遇与今日的一般专业工作者没有什么差别。

有才能的人获得好待遇，这种现象随着时间的推移愈来愈明显。时至今日，个人的收入与他的能力有着更为密切的关系。关于这一点，可以用数字来加以说明。

20世纪60年代，英国某家报纸的社论披露了某些披头士成为百万富翁的事实，引起社会的广泛震惊。而今天，流行歌手乔治·麦可或迈克尔·杰克逊名列全球富人的前列，却没有人觉得惊讶。

造成这种现象的主要因素便是传播、电子通信、CD 和光碟等消费产品的科技革命。商人们绞尽脑汁想的是如何让获利达到最多，而借助顶尖人物恰好可以做到这一点。找顶尖人物固然要花很多钱，但把这些钱分摊到每一个消费者身上时，每个人的负担实在是微乎其微。

不管在什么行业，抛开金钱，我们将能发现，成就和名望总是集中在极少数人的身上。在过去，由于阶级和传播方式的限制，莎士比亚和达·芬奇无法变成富翁，但这一点儿也不减损他们的成就。为数极少的伟大艺术家，就算没有成为富翁，依然对后世影响深远。

赢家通吃的待遇法则不仅适用于娱乐界，在任何公认的专业领域中，顶尖专业人才的收入也是很高的。在 1994 年《福布斯》杂志所列的富豪排行榜中，排名第二的是加梅律师，他的名气比不上家喻户晓的网球明星阿加西，到目前为止还没有上过电视，然而他在 1994 年赚了 9000 万美元，是阿加西收入的 4 倍。

在那张富豪榜中，接下来所列的高收入者是外科医生、炙手可热的企业主管、投资银行家、税务专家以及一大堆其他专业人士。在这些专业领域中，愈来愈奉行赢家通吃的做法，顶尖的人才和公司所得的酬劳，比次一级的高出好多倍。

假设，有两家以上的竞争对手争夺某公司的经营权，为了争取到最棒的公司或人才，各方都会出很高的价格竞标。所以，如果涉及一个有关高额金钱的局面而顶尖人物有助于提高胜算时，这些顶尖人士总是可以拿到天价般的酬劳。

如今，注意力已成为财富分配的轴心，顾客为自己付出注意力而得到报酬，商家为获取注意力而加大投入，广告业也已经从简单的传达信息发展到生产附加值的行业。人们已经进入一个"概念"甲天下的时代，市场的变化将推动注意力经济的发展，网络风暴也突显出注意力经济的各种特征。

赢家通吃时代的公正与效率

近年来，突然有很多人对于"80/20""赢家通吃的社会"等议题所隐含的"不平等现象"大感兴趣。他们撷取80/20法则和马太效应的若干特色，以启示录的姿态向世人宣告：财富差距越来越大，社会越来越不平等。对这种似乎以马太效应为基础的悲观甚至宿命论调，我们必须重新审视。

在运动、娱乐和专业等领域，最顶尖人物所得的酬劳愈来愈高，所以他们与其他人的差距愈来愈大。这种情况在美国最明显，但似乎举世皆然。有如山的证据显示，位居前10%的人口，收入快速增加，而垫后的10%的人收入增加的速度就慢得多，甚至完全不动。

据说，在1997年举行的达沃斯世界经济论坛上，很多经济学家就花了许多时间来思考这个趋势所代表的含意。其中一项报告提到："在未来的美国，20%受过高等教育的专业人才，一年可赚 75000 美元到 50 万美元。其余 80% 的人，将继续窝在自己的工作中，看着生活品质逐年下降。"

德国一本畅销书《全球陷阱》也提出相同的论调："当不平衡的情形全面蔓延后，会带来一个'80/20 和赢家通吃的社会'，只有幸运的 20% 才是主角。就全球经济而言，将会出现大规模的失业，只要 1/5 的人口就能满足生产的需要。"

另一本畅销书《无为式管理》也谈到："后管理时代的公司所需要的人力较少，因为到那时候，管理阶层、文书人员和其他营销人员经过 10 年的删减，将会减少 50%……如果所有国家的私人公司都变成管理时代的公司，那么所雇人员的数目将会下降 15%～20%。美国的失业率会从目前的不到 6% 升至 25% 左右，而且主要是管理阶层的失业。"

这些由 80/20 法则或赢家通吃现象引起的辩论，以及提到未来是"注定到来的灰暗"，我们该如何理解呢？

在帕累托的观察中，所有社会都有不平等现象。20 世纪希望通过税制与福利打破不平等，但当全球市场重拾 19 世纪所拥有的权力时，不平等的现象就又回来了。全球市场的权力愈大，不平等就愈严重。企业的生产能力愈大，所需员工就愈少。

因此，自由竞争下的全球市场带来两个重大且相关的问题：第一，大量的失业人口，其中包括素来受保护的中产阶级；第二，更严重的社会不平等，分成居上的 20% 与在下的 80%。

前述的宿命论者分为两大阵营：悲观主义者和乐观主义

者。悲观主义者认为，不平等是不可阻挡的趋势，我们无能为力。但持乐观主义态度的人数较多，他们主张，必须通过某些活动来打破80/20模式，其中最完整的论点来自《全球陷阱》一书。书中说："全球化并不是命中注定的，一定要停止这种漫无目的的发展。"

我们该如何解释这些观点呢？

一些专家则从另一个角度认为，悲观主义者和乐观主义者的结论都错了。他们确实有不少分析是正确的，值得深思，不过当他们（直接或间接）提到80/20法则时，只能算是肤浅的理解，如果他们真的对80/20法则和赢家通吃现象有了正确了解，他们将会明白，社会总是趋向于进步的。

的确，当企业知道了如何以精简的管理来运作，当企业因面临国际竞争而不得不一面生产最佳产品一面降低成本时，管理阶层大量失业是件在所难免的事情。

但是，纵观历史，我们将发现繁荣是持续的、周期性的。每一种新技术或新发明，每一种节省人力的设计、生产技术的改良，以及能降低运送与服务成本的方法，不但一步步地提升了所有国家和地区的生活水准，同时也带来较高的就业率。

工业革命以来，每一个时代都出现反对者：反自动化的人、预言人口爆炸的末日论者、浪漫的封建主义论者。这些人常常宣称，市场经济的成长有其极限，市场机制无法提供一个合乎要求的就业比例。但是我们看到，人口增长、女性进入工作市场、佃农制废除、农业提供大量的剩余劳动力、家庭中不再雇用佣仆——这些本都是引起失业的重要因素，但我们并没有看见由于这些因素的发生而出现大量失业的现象。

近 250 年以来，历史中所有的末日论者都被证明是错误的。但每一次他们总是说，这一回不一样，这一次有完整的论据。

虽然我们知道，随着技术的发展，大型跨国公司即使解雇大量员工也可以做得更好，未来 10～20 年内将不可避免地出现管理层失业的问题，但我们能调整，也将会调整。

在全球市场的进步和繁荣面前，通过调整，我们能保证不引起麻烦的失业问题。所谓的进步和繁荣，就是指可以用比以前低的价格换取货物，所以，这样的进步会释放出购买其他物品和服务的消费力。只要不遇上突然的景气崩溃，购买力将会造就新的工作。新的工作不在大公司里，而在较小的公司，甚至个人公司。

在一个富裕的社会，失业本身不是问题。如果社会足够富裕，那些想就业却无事可做的人可以在市场经济之外就业，不依市场的价格来给付酬劳。

因此，我们真正应该讨论的问题，是在财富水准日渐提高的社会中，赢家通吃不平等现象的日趋严重。

很明显，由于财富没有重新分配，所以自由市场代表着财富不均，愈自由化的市场愈不平等。在美国、英国及亚洲若干国家，自由化程度与日俱增，也就迅速出现财富分配不均的现象。

但财富分配不均就意味着不公平吗？80/20 法则可以给你带来答案。由于 80％的有用和有价值的物品是 20％的人力所创造的，所以，如果市场不受阻碍，酬劳分配应该是不平均的。

此外，大笔财富和平等之间有一种交换的关系：如果我们选择了最大财富，就会有较严重的不平等。

所以，解决不平等的最好方式，不是压制市场与价值的创造，而是要让社会中所有成员都有普遍和平等的参与机会。这一点我们没有真正尝试过，但可以从两个地方开始：

其一，使人人都成为资本家和企业家（在自己最有生产力的地方使用资源），让所有人进入市场经济；

其二，确保社会中的每个人，特别是位居社会底层的人，都能好好运用自己的才能，也都知道如何运用。

在市场经济中之所以发生社会不平等，不在于市场中有输有赢，而在于并不是所有的人都参与了市场。那些被排除在市场之外，或是参与程度有限的人，自然是远远地被抛在后面。想要参与资本主义经济体系，必须以先拥有若干资产作为起点，以及有一个能够获得更多的回报的前景作为参与的诱因。

有一种方法能带来属于每一个人的资本主义：出售公有土地和建筑物（任何一个政府都拥有多余的产业），并使国有企业民营化，然后再建立一个基金，它属于社会全体公民共有，并只能用在特定用途上——如教育、购买保险、支付养老金或创业。

更重要的是，以此基金所提供的教育，必须可以让每一个公民选择自己的领域，培养进入市场并足以谋生的技能。

市场机制运作的方式在带给我们繁荣的同时，不会造成失业问题或严重的社会不和谐，对此，我们应该有充分的信心。从 80/20 法则可以知道，人们对于资源——如时间、金钱、精力、个人努力与智力等的运用非常糟糕，但正是由于发现这些缺陷，发现那些比大多数资源好几倍的少数资源，我们才可以把事情做得更好。

市场能刺激低效率的资源，使之转成高效率的资源，但市场并不能自动完成这一转换，所以有必要借助于知识、科技和创业精神来促使它的发生。

今天，技术的突飞猛进使我们能够看到生活消费品的品质正在日益改善，产品多样化，其发展速度是上几代人无法想象的；我们可以看到神奇的信息产品改变了家庭与办公室的面貌，模糊了二者的界线。

我们应该有足够的信心，未来技术会有调整，那些公司的高级主管们也会按照 80/20 法则和马太效应为顾客和投资人提供更有效率的服务，从而使一些企业飞速成长起来，带给我们今日企业做不到的更伟大的成功。

规模效应：原因分析之一

为什么会产生马太效应这一奇特的社会现象呢？理论界有种种解释，其中规模效应的解释最为大多数人所认同。

在自然界，我们经常看到那些体形庞大的巨兽，随时都可能对其他生物产生威胁，而自身面临的危险却要小得多。它们可能死于同类的搏斗，也可能死于自然衰老，却很少被弱小者所击倒。

同样的，在经济领域，我们也能看到类似微软这样的超级公司，虽然同行恨之入骨，社会舆论也屡屡发难，很多人更是想除之而后快，但其地位却坚如磐石。正如一位竞争者所说："最好的市场是没有微软的市场……但是谈何容易。"微软"拆分风波"举世瞩目，官司打了多年，至今依然没有定论，甚至可以说是无果而终。

无论是自然界的巨兽，还是经济领域的恐龙，一个共同的特征就是体积大、规模大，而规模是市场经济最具有魅力的部分。

首先，大规模的投入才能有大规模的产出，才能获得巨额的利润。福特汽车公司就是通过流水线作业提高汽车生产规模，成为汽车业的王者。通常，规模可以分成两个部分，一是投入规模，二是产出规模。所谓投入规模是指你的投资规模，包括金钱、技术和时间、人员等。投入的规模决定了产出的规模，而产出的规模直接决定了企业的利润水平。

其次，规模化能降低生产成本。我们看到许多名牌产品，其质量好、包装精美，它们在媒体上铺天盖地地做广告，我们一定会想其产品研发及制造成本肯定很高，但实际上，它们的成本并不比同类产品昂贵，为什么呢？

这是因为规模化的力量。由于生产规模大，投入研发、原料、生产、流通和广告等环节的成本被摊薄，尽管产品的总成本提高，但是单位产品的成本却不断降低，企业的盈利空间也会进一步扩大。

再次，对于生产者来说，在"新经济"中，新经济类型的产品具有报酬递增的性质。这表现在以下两个方面：

一方面，当生产者将知识与技术直接投入生产过程，投入的越多，新增的投入给生产者带来的报酬就越高。一个极端的例子是，软件开发过程中，某种大型软件开发成功以前，所有的投入都是作为经济学上所谓的"沉没成本"，没有任何收益；恰是导致软件开发得以成功的最后一单位的要素投入，决定了这一生产过程给生产者带来所有的报酬。

另一方面，随着生产者向社会提供的新商品与服务量的不断增加，由此项产品或服务带来的报酬也不断增加。比如提供因特网接口服务的厂商，使用接口服务的人越多，即上网的人越多，软件产品的使用人数也就越多，消费者对网站的评价就越高，也就更愿意出高价来购买你的服务，使你的边际报酬不断升高。而且，这种报酬随着使用你的产品与服务的人数的进一步增加而呈现出更稳定的增长趋势。

因此，很多人只为操作系统升级就得向微软不断送去更多的钱。对于消费者来说，"新经济"可以带来消费者边际效用递增，如所谓的品牌消费，在一定的限度内，消费的著名品牌越多，给消费者带来的心理满足程度就越高。再如上网，IT业内调查发现，上网者平均上网的时间总是趋向于越来越长，这证明了上网者在消费网络提供的服务过程中得到的满足程度也是越来越高的。

传统经济规模化优势已经体现出来了，然而，信息时代的信息化产品，使得规模优势更加明显。一旦信息产品形成规模后，后来者想进入同一市场的难度就会越来越大。因为，最初的信息产品开发的固定成本相当高，而这些固定成本中的绝大部分是沉没成本，这样，后进市场的企业就面临着巨大的风险，弄不好不仅无法挽回以前的投入，而且很难生存下去。

大多数的高科技产品，如计算机的软硬件、医药产品、航天、电讯器材、生物科技与遗传工程的产品，研发费用都非常高，但是一旦开发成功以后，从事大量生产的边际成本非常低，甚至接近于零——因为这些产品所使用的原料非常少，如药丸、计算机软件。厂商在开发此类产品成功以后，可以用非常少的成本将此产品迅速地推广到全球各地，占领市场。

由于单位变动成本很快地降低，所以一旦大幅度提高产量，卖得数量越大，赚的钱就越多。这与知识活动的特性很有关系——知识产生的结果很容易复制。比如说，一本书，就很容易复制，Microsoft 做的软件真正在发送的时候，它的复制成本很低。所以，在这种产业状况下面，最重要的一件事情就是市场占有率。增加市场占有率，把它的产能补满。比如说机电公司，每秒都在算它的机器折旧和机器利息钱。

知识经济还有另一个特色，复制成本很低。这一特质带来的其实就是赢家通吃，而且这个倾向会越来越严重。互联网开放以后，信息的通透性变得很高，比如问 IBM 的笔记本计算机多少钱，以前需要到处去问，还很麻烦，现在随便到网络上跑一趟，价格的讯息就会全部搜索到，所以大家的信息都是一样的。

规模优势导致竞争优势，市场竞争的博弈结果是强者越强，弱者愈弱，弱者甚至没有生存空间。信息时代的竞争过程中，面对新进入的竞争对手，其博弈策略可以将产品价格降到接近于零！因为一个接近于零但大于零的单价与无穷大的信息产量相乘，收益仍然是无穷大，所以强势企业不担心降价，甚至可以采取免费（如微软浏览器的免费捆绑）策略。

市场竞争和博弈的最终结果就是在位企业将欲进入市场者赶出市场。这样无疑会使成功企业的规模越来越大，直到最后形成类似"垄断"的大企业。而这也正是马太效应得以实现的主要原因。

齿轮效应：原因分析之二

在欧洲和非洲环抱着的地中海区域，有一座美丽的岛屿——西西里岛。2200多年前，西西里岛上有个叫叙拉古的城邦国家。

有一天，这个城邦国家的一位中年人对国王陈述自己研究的杠杆原理，这个人就是著名的数学家阿基米德。

"给我一个支点，我就能撬动地球。"

国王听后，大笑不止。

"虽然你是我的亲戚，但是我也不要华而不实的空话，你能实际表演一下吗？"

"亲爱的国王陛下，我刚才是打个比方，那样的支点是没有的。"阿基米德解释着，"我的意思是，我能够用很小的力借助工具和机械推动很重的物体。"

"好呀，那你给我们表演一下吧。"国王指着窗外海边上刚造好的一艘大船，"随便你用什么工具和机械，只许你一个人，把这艘船推下水吧。"

几天以后，阿基米德再次来到王宫，邀请国王来到这艘大船边。

"尊敬的国王陛下，"阿基米德把一根绳子交给国王，"请您拉动这根绳子吧。"

国王疑惑地看着阿基米德，拉动了这根绳子。神奇的事情发生了，那艘大船缓缓地向大海移去。周围的人都欢呼起来。在人们的欢呼声中，大船平稳地滑进了大海。以前要上百人才能移动的大船，国王今天一个人就能移动了。

实际上，阿基米德利用的是杠杆的原理，他设计了一套杠杆滑轮系统，推动了这艘大船。

与杠杆理论有异曲同工之妙的是齿轮效应。拆开钟表，我们能够看到一大堆齿轮相互连接在一起，小齿轮带动大齿轮，大齿轮又带动更大的齿轮，形成了秒、分、时的相互关联。

钟表可谓是人类最精妙的发明之一，我们在赞叹之余，也发现这样一种现象：大齿轮转一圈时，小齿轮要转许多圈；时针走一圈，分针要走六十圈；分针走一圈，秒针要走六十圈。

齿轮效应在社会生活中也有充分的体现：大人走一步，相当于小孩走两步甚至三步；大企业不发展则已，一发展就将小企业远远丢在后面；由于总量之间的差别，发达国家和地区增长2个百分点，等于经济落后国家和地区增长几十个百分点。

领先效应：原因分析之三

"一步领先、步步领先"是马太效应的又一解释。有些差别，刚开始时看起来微不足道，但最后却可能导致天壤之别，这一理论与 80/20 法则正好吻合。

但 80/20 法则有一个局限，它只能表现出某一时刻的真实情况，在这点上，混沌理论所说的"敏感依赖于初始条件"正好能够提供帮助——一开始，一个小小的领先能变成双方较大的差距，赢家迅速达到优势位置；而后平衡再一次被打破，另外一个微小的力量又开始发挥巨大的影响力。

一开始，如果 51％的驾驶员靠道路左边而非右边行驶，那么就可能形成靠左行驶的交通规范；早期的时钟，如果 51％是绕着我们现在所谓的逆时针方向走，那么时钟"逆时钟方向"运行也是合乎逻辑的。事实上，佛罗伦萨大教堂的时钟，就是逆时针走的。但在 1442 年大教堂建好时，当权者和钟匠已经以 12 小时、顺时针方向的时钟作为标准，因为那时大多数的时钟都是顺时针走的。

然而，如果51％的时钟都和佛罗伦斯大教堂上的时钟一样，那么我们现在所用的时钟，就可能是按逆时针的方向运行。所以，一个公司，如果在市场早期就能提供比对手优10％的产品，就可能得到80％的市场。

对于这些初始状况的观察，并不能完全说明马太效应和80/20法则的内涵。因为这些例子都是可以随时间而改变的，而80/20法则或马太效应却是在任何时刻下对于原因的一种静态分析。

在前面的例子中，我们可以看到，它们都很自然地偏离50/50的分割，并且容易导向95/5、99/1甚至100/0的分割。保持平衡，一直到优势出现，混沌理论给了它最充分的解释。马太效应所说的重点虽然与混沌理论不同，二者却相辅相成。它告诉了我们，在任何时候，占多数的现象都只受到少数因素或角色的影响；80％的结果来自20％的原因。

市场竞争中，具有资金、权力、能力和社会关系等方面资源优势的强者，他们处于优势积累的有利地位，一旦一步领先，便会步步领先。相反，缺乏资金、权力、能力和社会关系等方面的弱者，他们改变自己处境的机会很少，由于一步落后，导致步步落后。

赢家通吃的关键在于先入为主，对于企业来说，占领市场的关键在于发现机遇、把握机遇。在以信息为代表的经济环境中，机遇对于企业的发展尤为重要，抢占先机就意味着成功了一半。

这是因为，市场竞争初期的客户开发成本相对低廉，而随着竞争的加剧，后来的竞争者获得新用户的成本就会变得很高，而要从竞争对手中争夺新用户更是不易。因此，先行者具有巨大的先发优势。

当别人徘徊时，我们已起跑；当别人起跑时，我们就冲刺。社会现实告诉我们：一步领先，步步领先；一步落后，步步落后。

资源交换：原因分析之四

关于马太效应形成原因的各种分析中，有一个词汇尤其突出，它就是资源。资源是形成马太效应的核心，是推动马太效应的内驱动力。

简单地说，所谓的资源就是为做某件事情必须具备的基本条件，包括你所拥有的以及所能控制的。大部分资源表现为物质形态，如金钱、设备以及你所拥有的任何可见的财产。有些资源为无形资产，如创意、理念、知识、技能以及其他素质；还有些资源介于两者之间，如人际关系、某种资格或特殊的机遇等。

中国有句古语说："多财善贾，长袖善舞。"拥有的资源越多，就越有可能获得成功，成为"赢家"。在赌场上，一个人本钱越多，赢的钱就可能越多。假使利润率相同，投资额是他人的 10 倍，获得的利润额也会高出 10 倍。更何况，占有更多的资源能降低成本、提高利润率，在竞争中能取得更多的优势。

拥有丰富的资源意味着具有很强的抗风险能力。在竞争日益激烈的市场经济中，不景气是不可避免的，遇到这种情况，中小企业只能选择破产，大公司则会有更多回旋的余地，他们可以通过紧缩开支、裁员等措施熬过"严冬"。

更多的资源也意味着谈判中的优势地位。在与合作者谈判时，一个资金雄厚、渠道畅达的经销商可以凭借实力压低进价、减少成本，这无疑又增加了它在竞争中的优势。

资源丰富的同时也意味着拥有更大的潜力。微软公司每年花费 30 亿美元用于软件方面的研发，这使它可以开发性能更优越的产品，把对手远远抛在脑后。

赢家通吃的概念实际上就是占有优势的人或组织以自身的资源为依靠，击败对手，赢得更多资源，这是一个不断发展的"滚雪球"过程：你赢了一次，就会强大起来，这意味着你有可能一直赢下去，并不断地发展和壮大。

如同自己的个人财产一样，资源既可以用来发展事业，也可以用来交换他人的资源。以杂志的出版为例，从一本杂志所刊登的广告，就可以知道这是不是一本成功的杂志。我们在逛书店时会发现，那些印刷精美、价格较贵、发行量广的杂志，刊登的往往都是一些国际、国内最著名品牌的广告，无论是创意还是品质都可称得上美轮美奂。高品质的设计和优秀的品牌广告可以带来良好的宣传效果，而良好的宣传效果又进一步促进杂志品质的提高，这就是马太效应的良性循环。

总结以上内容，我们可以得出这样一些原则：

1. 天下没有免费的午餐，如果你想获得什么，就要用你所拥有的资源去交换。

2.任何资源，无论是金钱、技能、知识还是其他方面的优势都可能成为你事业成功的资本。

3.你所得到的总是与你付出的相对称，这是一个最基本的交易原则。

4.任何事情都是相互联系的，马太效应之所以成立就在于其联动性，每一件事情都会影响到其他事情。

生意场上，资源交换原则为人们所公认，但是在人际关系交往过程中，人们往往容易忽略这一点。从表面看起来，交换这个词似乎过于商业化，缺乏人情味，但现实就是如此，我们无法回避。需要强调的是，人际交往的交换过程与纯粹的商业交换不同，钱不是唯一的标准。当我们说一个人"资源短缺"时并不意味着资金短缺（尽管两者之间有着密切联系）。除了金钱以外，一个人的社会资源还有许多，譬如时间、技能、进取心、个人素质、人际关系、身体健康状况等等，这些都是获取成功可能依赖的资源。

需要注意的是，仅仅拥有这些，还不能算拥有资源，只有你认识到它，并充分利用它，这项资源才可能为你服务。而且，你如果利用资源向别人换取你所需要的东西（如金钱、成就、爱戴等），你就必须使他人承认"资源"的价值。

马太效应的主要奥秘在于占有资源的多少。当你的资源很多时，马太效应会为你服务；如果你的资源很少，就难免被这一法则所压迫。面对这一法则，我们并非无所作为，你可以通过努力和有效的方法使你的资源迅速增值，使自己成为一名赢家。

聚集效应：原因分析之五

在经济生活中，我们常常发现这样一些现象，越是那些业绩优秀、资金充裕的公司，银行越想把资金贷给它们；而那些效益差、急需资金的公司，银行不仅不会继续投放贷款，而且还要收回已贷资金，以免发生风险——这就是金融领域的马太效应。

资金流动的马太效应不仅体现在企业之间，在地区之间的流动也十分明显。一些发达国家经济发展的水平越高，资源投入在经济运转中的配置与使用机制就越合理，于是形成累积效应和先发优势，而这种优势最终将导致不同国家和地区之间的经济差距进一步拉大，形成资金的聚集效应。

那么，为什么会形成地区资金的聚集效应呢？

这是因为，发达国家金融市场及多样化金融工具的发展很快，它为资金跨区域流动开通了渠道。由于金融要素的谋利趋向，产生了缪尔达尔的"回浪效应"，大量的资金流向发达国家和地区，使这些地区投资活动迅速高涨。相当一部分落后国家的资金通过横向投资和股票交易等多种形式流向发达国家，这使原本资金就短缺的国家和地区发展更趋困难。

公司的发展也遵循相同的轨迹，优越的待遇、良好的文化、光辉的前途都是吸引人才的重要因素，如果公司处在这个阶段，人才会自动地聚集在其周围。而那些效益差、管理不善的公司，只能眼睁睁地看着人才的大量流失，相应地，由于缺乏人才，公司也很难再重整旗鼓。

城市建设的这种聚集效应更是明显。人口集中居住有利于加快城市化进程，有利于充分发挥城市的规模效应和规模溢出效应，有利于市场经济的资源合理配置，有利于经济的快速和可持续发展。它既能吸引所在地区最先进的生产要素，实现自身的经济扩张和产业结构升级，又能通过扩散效应向周围地区传播先进的技术、资金、信息，带动腹地经济的发展。

经济学家认为，通过各种产业聚集形成的产业群组织，会产生一个城市创新因素的聚集和竞争力的放大。美国著名学者波特认为，产业在地理上的聚集，能够对产业的发展产生广泛而积极的影响，并进而成为整个国家的竞争优势。

那么，对一个地区或城市来说，产业聚集为何能够形成城市的竞争优势呢？

首先，产业聚集能够更好地整合城市资源形成聚合效应。以硅谷为例，自从高科技在该地区落户以来，硅谷的资源状况、经济基础和产业传统，结合市场需求，形成了具有自身特色的高科技产业群。这样的区域特色产业，更好地发挥了经济高度社会分工、专业化协作和生产成本低廉、市场反应灵敏、规模经营等群体优势，进而形成了区域性的整体规模优势。

其次，产业聚集能够产生城市的竞争优势，但这种聚集还不是直接的城市竞争力。产业聚集是形成城市竞争力的必要条件，而非充分条件。两个同样集中大量的高新技术产业的城市，却可能形成截然不同的竞争结果。因此，产业群的关键或说生命力在于是否能形成产业聚集效应。也就是说，产业内和产业之间不是简单空间意义上的"扎堆"，而是内在的人才、资源、信息、技术、市场的深度组合，其中还隐含着文化观念等软性因素的契合。

所以，只有当这种多层面的聚集形成之后，产业群的效益才能显现。一旦各种经济要素聚集在一起，规模效应就出来了，从而形成了马太效应。

锁定效应：原因分析之六

在经济领域中，形成马太效应的另一个主要因素是锁定效应。

首先发展的技术可以凭借其领先优势，实现规模经济，降低单位成本，诱使同行采用相同的技术，从而产生协调效应。技术在行业中的流行会促使人们相信它会进一步流行，实现了自我增强机制的良性循环。

而一旦某种商品形成规模化之后，由于在市场上拥有绝对的优势，人们在长期的使用过程中会形成固定的消费习惯，企业也因此很容易把该商品的特点变成一种行业标准，使得竞争对手很难改变这种状态。

如果新技术由于某种原因太晚进入市场，就不会获得足够的追随者，没有足够的追随者就不能收回技术开发成本，从而不能进一步开发新技术，由此陷入恶性循环，进入锁定状态。

在 20 世纪 70 年代的时候，世界上流行两种不同的录像带制式，BETA（也叫小二分之一）和 VHS（也叫"大二分之一"）。索尼公司生产的 BETAMAX（第一款独立的盒式视频录像机），在技术专家的评价里比"大二分之一"先进得多。但是后者的生产商是老牌产业巨头松下电器，在录像带的市场竞争开始之前，松下已经比索尼占有大得多的家电市场，并且与其他国家的进口商和电视机生产商建立了比索尼公司密切得多的伙伴关系。凭借市场份额的优势，松下在 10 年内彻底击败了对手的优势技术，今天我们已经看不到"小二分之一寸"的录像带了。对于高科技产品来说，锁定效应的作用最为明显。各种高科技产品在使用前都要花一段时间来学习，因此当使用者学会此系统后，他们便不愿意花时间再学另外一套系统。当用户从一种品牌的技术转移到另一种品牌的技术时，必将为这种转移支付一定数量的成本。当转移成本过高，使用户望而却步时，用户就处于被锁定的状态。这也是为什么高科技产品一旦开发成功以后，便很容易掌握未来的市场，发挥边际报酬递增效果的原因。

对用户来说，当你必须从 Windows 转向 Linux 操作系统时，便不得不放弃原来已经熟练使用的各种软件，损失掉原来精心设计的各种数据库，并花费额外时间掌握 Linux 的使用技巧。在信息产业，新企业同领先企业竞争的主要方式，就是反对领先企业的锁定。当信息商品交易之后，经常存在消费者被厂商锁定的现象。比如，巴西政府曾经进行办公软件的招标采购，结果非微软系列的产品中标，但是巴西教育部坚决反对，理由是他们使用的教育软件全是微软的产品，如果换成非微软的产品，转移的代价太大，几乎不可能。

此外，对现代的产品来说，熟悉和了解一个产品的学习成本正变得越来越高。从一个使用系统转换到另一个系统时，要放弃原先的知识和经验，重新接受训练，这都必须付出巨大的时间、精力等成本。经济学把这一类成本称为"转移成本"。

当"转移成本"高到一定程度时，用户就会被锁定。人们最初选择了某种产品，并花了大量的时间、精力进行学习、实践，并达到相当熟悉的程度，此时即使他面对一个更好的产品，也不会轻易地接受，而是继续使用他所熟悉的那个产品。

对产品形象的认知也符合这一规则。名牌产品往往被公认为高质量的产品，在消费者心目中占据着极为有利的地位。

譬如你正在一家家电专卖商店选购新电视机，你已将选择范围缩小到了两种类似的电视机。打开电视机，两台电视机的图像看上去完全一样。事实上，两者也看不出任何差别，只是一台标价为 2000 元，而另一台只要 1500 元。价高的是一个常在电视广告里看到的知名品牌，而后者是你从未听说过的品牌。

有多少人——包括你自己在内，会决定节约 500 元，冒险去买那台"杂牌"电视机呢？尽管大多数人喜欢买便宜货，但是当你要购买一件重要的商品时，品牌形象就开始发生作用了！人们总是喜欢先入为主，认为知名商品比默默无闻产品的质量更好，甚至根本不愿意去尝试新产品，唯恐上当受骗。

锁定效应除了对企业具有重要的意义以外，对个人的前途也有很大的影响。一个从名牌大学法律系毕业的劣等生能轻而易举地在一家大公司谋到职业，而这对一位在当地鱼市上夜班，通过远程教育刻苦学习的优等生却很难。为什么呢？因为名牌大学的光荣历史会给人力资源经理们留下深刻的印象。

锁定效应使得原先具有规模优势的企业在市场竞争中占有更为有利的主动权，规模优势又使企业的竞争优势和规模越来越大，最终形成赢者通吃的局面。

光环效应：原因分析之七

拍广告片的为什么多数是那些有名的歌星、影星，而不是那些名不见经传的小人物呢？为什么明星推出的商品更容易得到大家的认同呢？

一个作家，一旦出名，以前压在箱子底的稿件全然不愁发表，所有著作都不愁销售，这又是为什么呢？

为什么知名人士的评价或权威机关的数据会使人不由自主地产生信任感？为什么那些迷信权威的人，即使觉得没有什么值得借鉴之处或者有许多疑问，但只要是权威部门或权威人士的话就会全盘接受？

为什么外表漂亮的人更受人欢迎，更容易获得他人的青睐呢？推销员在发展会员时往往会说"著名演员某某某也加入了我们的俱乐部"等，虽然与实际情况并不相符，但为什么往往都能奏效呢？

……

所有问题的答案都可以用心理学上所谓的"光环效应"解释：当一个人在别人心目中有较好的形象时，他会被一种积极的光环所笼罩，从而被赋予其他良好的品质。

由于光环效应可以增加人们对未知事物认识的可信度和说服力，使得人们在认识事物方面达到"好者越好，差者越差"的效果，所以它也是形成马太效应的又一个主要因素。

光环效应是一种以偏概全的评价倾向，是个人主观推断泛化和扩张的结果。由于光环效应的作用，一个人的优点或缺点一旦变为光圈被夸大，其他优点或缺点也就退隐到光圈背后视而不见了，严重者甚至可以达到爱屋及乌的程度。

当你对一个人产生好感时，他的身上会出现积极的、美妙的甚至是理想的光环。在这种光环的笼罩下，不仅对方外貌、心灵上的不足被忽略，甚至连他所使用过的东西、跟他要好的朋友、他的家人你都感觉很不错。

虽说歌星、影星与广告中的商品质量并没有太直接的关系，但是，由于光环效应的作用，明星做过广告的商品很显然会比那些小人物做广告的商品更容易得到人们的认同。

中国俗话"情人眼中出西施"，也是这种光环效应的结果。热恋中，钟情的小伙子认为他心爱的姑娘是皎洁的月亮，被陶醉了的姑娘觉得她的意中人是炽热的太阳——双方都被理想化了。

所以，在与别人交往的过程中，我们并不总能实事求是地评价一个人，而往往根据已有的了解来推测他的其他方面。我们常常从对方所具有的某个特性而泛化到其他有关的一系列特性，从局部信息形成一个完整的印象，根据最少量的情况对别人做出全面的评价。

对于大部分人来说，最容易使人产生光环效应的两个因素是外貌和权威。

一般说来，外貌的魅力是最容易导致光环效应的因素。即使在强调个人意识的今天，光环效应也并不因为人们追求个性化的行动而减弱。青少年追星族就是一个很典型的例子。很多青少年因为喜欢一个歌星或影星而极力地模仿这位歌星，从服装、发型到说话做事的方式，无一不是竭尽全力地加以模仿。

美国学者罗伯特·B.西奥迪尼在他的营销学著作《影响力》一书中指出，人们通常会下意识地把一些正面的品质加到外表漂亮的人头上，像聪明、善良、诚实、机智等等。但科学研究表明，外表的吸引力和自信心之间没有明显的关系，一些外表有吸引力的人并不像旁观者一样对自己的个性和能力充满信心。外表漂亮的人意识到他人对自己的正面评价不是基于他们真实的个性和能力，而是由于外表吸引力的光环效应。因为受到这些矛盾和混乱的信息影响，很多外表漂亮的人对自己反而更没有信心了。

在劝说对方时随意地提起知名人士或权威人士，或者引用专家的意见并在言谈举止中表露出你对这些人十分熟悉，将会大大提高你的成功率。

环绕地球一周的麦哲伦之所以能够成功地获得西班牙国王卡洛尔罗斯的帮助，据说就是利用了光环效应。当时，自哥伦布航海成功以来，许多投机者或骗子为求得资助频频出入王宫。麦哲伦为表明自己与这些人不同，在觐见国王时特地邀请了著名的地理学家路易·帕雷伊洛同往。

帕雷伊洛将地球仪摆在国王面前历数麦哲伦航海的必要性及各种好处，说服卡洛尔罗斯国王颁发航海许可证。但在麦哲伦等人结束航海后，人们发现了他对世界地理的错误认识及他所计算的经度和纬度的诸多偏差。可见，劝说的内容无关紧要，卡洛尔罗斯国王只是因为那是"专家的建议"而认定帕雷伊洛的劝说值得信赖。

其实我们在生活中几乎都在无意识地、执拗地利用着光环效应。大多数人只要一闻到权威的气息，便会立即放弃自己的主张或信念，转而去迎合权威的说法，这样他们自然而然就被说服了。

必须注意的是，光环效应虽然能使人们很快地了解一个人，但却不可忽视其负面影响。在光环效应的心理作用下，由于很难分辨出好与坏、真与伪，所以人们很容易被别人利用。

Part 2
锦上添花的马太效应

　　马太效应告诉我们：胜利会增加我们的资源，增加我们再次获胜的可能。换言之，我们应该追求那些可以持续为我们带来"附加价值"的胜利。这一原则要求我们不仅要获胜，而且要以正确的方式和手段获胜。

成功是成功之母

英语中有句名言叫"Success breed success"，翻译成中文是"成功繁殖成功"或者是"成功是成功之母"。到一个陌生的地方，我们往往会选择生意比较好的饭店就餐，哪怕需要在店堂中等一等，我们也不愿意去一个客人寥寥的饭店。到医院就诊，我们宁愿排长队也不愿到同一个科室的另一名不需排队的医生处就诊。

我们常常听说"失败是成功之母"，却很少听说"成功是成功之母"。大概人们认为只有在逆境中才能成就林肯、爱迪生这样的伟人，而从小就有天赋的年轻有为者总会出现"夭折"的悲剧；也许正是因为人们觉得林肯、爱迪生之辈在成功者中所占居多，才使人们有了"成功无法孕育成功"这个结论吧。

我们承认失败可以铸就人生，因为失败能磨炼人的意志，失败能让人清醒，失败能激起人更大的斗志。但成功之路并非都是由失败的基石铺垫的，不断地从成功走向新的成功才是正常的。

成功与失败也有两极分化的马太效应，成功会使你更加自信，更容易取得成功；而失败会使人产生失败感，从而离成功越来越远。拿破仑一生曾打过100多次胜仗，胜利使他坚信自己会所向披靡。而中国古语所说的"屋漏偏逢连阴雨""祸不单行"正是失败马太效应的写照。

"失败是成功之母"这句话有一定道理，但不是绝对的，它有一定的适用范围。试想一下，如果你屡屡失败，从未品尝过成功的甜头，你还有必胜的自信吗？你还相信失败是成功之母吗？

如果你没有成功的经历，别人就不会把机会交到你手里，不要怪别人，你要做点东西出来，展示一下自己的能力。成功的最大好处就是：别人对你有了信心，从而会给你更多和更大的机会。有了更多和更大的机会，你才可能发挥所长。

所以，成功有倍增效应，你越成功，就会有越多机会，也会越自信，而自信和机会又会使你更容易取得成功。从这个角度来说，成功是成功之母。

然而，由于某些人的成功几乎都源于无数次失败的经历。所以，人们认为他们的成功是失败的积累。甚至有些人认为失败次数越多，成功的希望越大，有的还以失败为荣，美其名曰："失败乃是成功之母。"

但对于一个企业来说，失败很难成为成功之母。因为只要有两三个决策错误，公司就可能破产，机遇一旦失去就很难弥补。

既然成功如此重要，我们不禁要问，成功究竟能给我们带来什么呢？

成功提供了宝贵的经验

失败可以使你吸取教训，引导你走向成功，而成功则为你提供宝贵的经验，为下次新的、更大的成功奠定基础。

近代物理学的先驱伽利略在力学和天文学方面都有着突出贡献。1609 年他研制出了一架简陋的管状仪器，用它可以看到放大的物体。随后他在此基础上不断改进，增大管状仪器的放大倍数，终于研制出了世界上第一架天文望远镜。

当然，这只是一个开端。随后他又用这架望远镜观察天象，发现了月亮上的山谷、木星的四个最大卫星、金星的盈亏、太阳黑子和太阳的自转等一系列天文现象。这为哥白尼的日心说提供了有利的证据。这一切贡献不能不归功于望远镜的成功研制。

不只伽利略，牛顿的经典力学、焦耳的能量守恒定律、爱因斯坦的相对论等一系列科学史上的著名理论及定律，都是在一个个细小成功的基础之上继续深入研究而得到的。正是在成功的正确指引下，这些成功者们才找到了走向更大成功的捷径。

成功可以提高自信

自信是走向成功的前提条件，不论什么人，做什么事，没有极强的自信心是不可能成功的。

一个人的自信就像一个气球，当你失败时，就好比外界温度降低，这时气球体积会减小、萎缩，以至到泄气，即你的自信心减弱，甚至自暴自弃。反之，当你成功时，就好比外界升温，气球体积膨胀，你的自信得到提高。当然，气球也可能由于过度膨胀而炸裂，正如人由于自负而从成功走向灭亡。

由此可见，成功对自信的提高有着催化作用，但一个合格的成功者又要合理地控制自信，以免在自负中灭亡。

成功能使人更好地认识自我、发掘潜力

有一个美国人，天生三条腿，从小在别人的嘲笑与讥讽中长大。有一次，他参加马戏表演，扮演一个小丑，结果意外地取得成功，受到观众的热烈欢迎。从此，他找到了自己的人生坐标，刻苦练习演技，利用自己的身体"优势"，终于成为名噪一时的丑角明星。他的辉煌与他的第一次成功密切相关。

世界上没有永远的成功者，也没有永远的失败者。不同的人有不同的路要走，但相同的是，谁也无法避免失败与成功。登上金字塔的鹰和蜗牛都是值得学习的，前者能抵抗顺境中的迷药，后者能克服逆境中的折磨。

一位成功学讲师应邀去某培训中心演讲，组织单位是一个成功学的培训中心，双方商定讲师的酬金是三百美元。

这是一次规模盛大的演讲会，参加的人非常多，讲师

的演讲也非常成功，他受到了大家的热烈欢迎，同时，也结交了更多的成功学人士，感觉受益匪浅，获得了很多有益的东西。演讲结束时，他谢绝了培训中心给他的报酬，他说："在这几天中，我的受益绝不是这几百美元所能买到的，我得到的东西，早已远远超出了报酬的价值。"

培训中心的主任很受感动，把这个讲师拒收酬金的事告诉了培训中心的所有学员。他说："这个讲师能够深深体会到他在其他方面的收获远远大于他的酬金，这说明了他对成功学的研究达到了很高水平，像他这样的讲师，才能称得上是真正意义的成功学大师，因为他已经深刻领会了成功的要素和成功的意义，那么他宣传的成功学一定是最具有实用性，也是最可行的。阅读他所著的成功学书籍，一定会得到真实的成功启迪。"

于是，培训中心的学员们纷纷购买了那个讲师所著的成功学书籍和录像带等产品。后来，培训中心又把这个讲师拒收酬金的事，写成激励的短文挂在培训中心的阅览室里，每一个参加培训的学员都能感受到讲师的美德，都纷纷去购买他的书籍和产品，使他的书籍再版了几次，总数超过了百万册。这样，仅在售书一方面，讲师的收入就不是一个小数目了。

越成功对其越有信心

一个人的自信就像一株植物，它会生根成长、开花结果，也会枯萎凋谢；它还能把种子散播开来，使其他人的自信得以开花结果。只有那些懂得这个道理的人，才能真正了解自信心是什么？它又是如何发挥作用的？

美国著名心理学家罗森塔尔和他的助手来到一所小学做一次实验：他们声称要进行一个"未来发展趋势测验"，并以赞赏的口吻将一份"最有发展前途者"的名单交给了校长和相关老师，叮嘱他们务必要保密，以免影响实验的正确性。其实他们撒了一个"权威性谎言"，因为名单上的学生根本就是随机挑选出来的。

八个月后，奇迹出现了。凡是上了名单的学生，个个成绩都有了较大的进步，且各方面都很优秀。

显然，罗森塔尔的"权威性谎言"发生了作用，因为这个谎言对老师产生了暗示，左右了老师对名单上学生的能力评价；而老师又将自己的这一心理活动通过自己的情感、语言和行为传染给学生，使他们强烈地感受到来自老师的热爱和期望，变得更加自尊、自爱、自信、自强，从而使各方面都得到了异乎寻常的进步。

每一个孩子都能成为非凡的人，一个孩子能不能成为天才，关键是他的父母和老师对他有没有信心。信心是能够传递和成长的，只有家长和老师对孩子有了信心，孩子对自己才会有信心。

一个人只要有了信心，他就会对自己的工作产生完全胜任的感觉，从而喜欢上自己的工作，那么成功对他来说也就是自然而然的事情了。而一旦获得成功、得到鼓励，他就会不断去尝试新事物、不断取得更大的成功。

成功的教育就像无影灯一样，不会给学生带来心灵上的任何阴影，反而会满足他们自我实现的需要，产生良好的情绪体验，成为不断进取的加油站。当学生取得成功后，因成功而酿造的自信心对其新成绩的取得会产生进一步的推动作用。随着新成绩的取得，心理因素再次得到优化，从而形成了一个不断发展的良性循环，进而让学生不断获得成功。

有一个学生，由于考试成绩取得长足进步，老师表扬了他，同学们向他行注目礼，家长也给了他物质奖励。

正当他情绪高涨时，老师"戒骄戒躁"的期末评语让他打了一个冷战；家长看过评语后严厉的批评更让他像被泼了一盆冷水；同学的目光内涵也似乎有所改变。在以后的考试中，他的成绩开始一落千丈，老师如同捡到了一个"骄傲使人落后"的范例，在班上广为传播，以儆效尤；家长也归咎于孩子的沾沾自喜，乃至动用扣发零花钱的惩罚。从此，这位学生一直萎靡不振，再也没有取得很好的成绩。

学生进步了，受到师生褒奖，有些沾沾自喜，未必就是骄傲自满，兴许是一种油然而生的自豪感。而自豪往往是自信的孪生兄弟，不会使人变得夜郎自大，更不会变成一介狂生。

事实上，不是所有的人、所有的事都可以引以自豪的，自豪得有"资本"，这"资本"就是强项、长处、优势等过人之处。因此，孩子为了保持这个"资本"，就得不断努力，不断有所进步，不断开拓创新，不断抢占上风。从这个意义上说，自豪是一种动力，自豪不但不会使人落后，反而会使人进步。

既然自豪会带来正面效应，教师和家长们就不应压抑它，而应该尊重它。现代社会不应倡导虚伪的谦谦君子，嘴巴的谦虚不代表内心的谦虚。如果我们一味地要求率真的花季孩子言谈举止都要谦恭，就会压抑他们的自信，就会助长他们的自卑。我们看到，那些自豪、自信被打磨殆尽的年轻人，在职场表现得畏畏缩缩，不敢毛遂自荐，因而常常与一些富于挑战性的好工作失之交臂。

并不只是完美无缺的人才值得自豪，只要有闪光点就值得自豪。作为师长，应该为孩子们营造尊重和鼓励自豪的环境氛围，不要老是觉得孩子一旦自豪就等于骄傲，更不要动不动就讥讽孩子"你以为你是谁！"特别是对那些"咸鱼翻身"的孩子，不要投以怀疑的目光。

我们常说的"自我感觉良好"，这实际上是自信自豪的外在表现。因此，"自我感觉良好"的人，通常精神抖擞、意气风发，这正是学习的最佳精神状态，是一个学生综合素质的重要参数，它和智商一样重要。

对于任何一个想取得成功的人而言，没有比关注"信心的马太效应"更重要的了。成功了，自豪了，得到鼓励，自豪成为助推器，使之从一个成功走向另一个成功；失败了，气馁了，受到批评，自卑成为助推器，使之从暂时失败走向永久的成败。

"信心的马太效应"——强者越来越自信，自信又使他越来越强，这不仅适用于个人，同样适用于国家。

在拉美爆发金融危机后，阿根廷成为世界上最受瞩目的国家之一。但这并非是什么荣耀，它之所以如此出名是因为其糟糕的经济状况。它的经济曾经连续多年没有增长，并且几度陷于历史上最严重的经济危机之中。

很难说这一场危机的根源究竟是什么，但沉重的外债压力无疑是压垮阿根廷经济的致命所在，数千亿的外债对于阿根廷这样的国家来说就如同一柄悬在头顶上的利剑。

这种潜在的巨大风险使人们对这个国家的经济形势感到悲观，投资的大量减少使经济复兴乏力，而经济不振又引发一系列问题，如失业率上升、通货膨胀等。国民的信心也大受打击，由于担心自己的积蓄在经济危机中"泡汤"，人们纷纷涌进银行，提取存款，短短一个月内银行因此失去了几百亿美元，这对举步维艰的阿根廷来说几乎是灭顶之灾。

政府不得不下达"封杀令"，严格限制民众从银行提款以限制资金外流。然而这一无奈之举却引发了更大的动荡，各界民众强烈反对，社会一度陷入动乱，政权更迭，整个国家在危机中越陷越深，几乎没有人能置身事外。甚至贵为阿根廷总统，也无法避免因掏不出维修费而使专机被扣的难堪。

对于背负巨大外债的阿根廷来说，与其相类似的另一个国家是美国。众所周知，它是世界上最强大的国家——无论从哪个方面看，经济、政治、军事力量、科技、文化乃至体育领域。

不过并不是每个人都知道关于美国的另一些事实：其实，这个国家早在十几年前，就已经成了纯债务国，至今它所欠的国债已达数万亿美元，也就是说，平均每个美国人身上都背着一笔上万美元的债务。相比之下，将阿根廷拖垮的"巨额外债"不过是个小数目而已。美国的金融市场也不是毫无风险的，安然公司倒闭，众多大企业、大公司涉嫌在财务报表上造假等等都使人们对美国经济产生了怀疑。

如果这些事发生在一个像阿根廷那样的国家，后果肯定是毁灭性的。然而它发生在美国，人们虽然疑虑和警觉，但并不对这个国家丧失信心，美国仍然是世界上最为投资者青睐的国家，人们对它的未来仍然抱有信心，为什么呢？

原因很简单：美国是个"大"国，人们相信它的经济实力和发展潜力足以消解种种不良因素的影响。而阿根廷相对而言则是一个"小"国，没有人愿意把赌注下到它身上。

进入好上加好的良性循环

毫无疑问，谁都想进入向上电梯的良性循环，成为马太效应的受益者；而反感和恐惧坐上向下电梯的恶性循环，成为马太效应的受害者。但仅有好的愿望是不够的，成千上万的人和你一样渴望着成功和富有，在心理的起跑线上你和他们是别无二致的。

那么，人们又该如何成为"凡是有的，还要给他，使他富足"的那一部分人呢？

其实，经商的要诀、经验多如牛毛，你不可能都记在心中。你只要记住"领先"这个要诀就行了。"领先一步"说起来简单，做起来却并不简单，但只要你是一个有心人，你就可以"见微知著"，从许多小事看到商业机会。如果能率先抓住一个机会，便会从中受益无穷，哪怕是抢先半步，也会步步领先。

日本索尼公司的秘诀就是"一步领先，步步领先"——

当然这也是所有马太效应受益者的秘诀。"一步领先，步步领先"是索尼公司企业文化的一部分。从上到下，大家朝着目标奋勇前进，这样的氛围是索尼今天成功的动力，而目标和梦想的实现来自"一步领先，步步领先"的竞争战略。

在飞速发展的今天，想要一直立于时代潮头，只有不断努力，索尼公司生产工人一增再增，效益扶摇直上，但它并不满足这种生产、产值、利润同步增长的喜人形势。索尼的董事长说："一步领先不等于步步领先，今天的好势头不能保证明天不被挤出市场。企业家必须有高瞻远瞩的超前意识，做到一步领先，步步领先，抓住了商机，也就让您拥有了成功的开始。"

"永远领先半步"是美国甲骨文软件公司为提升企业文化，增强企业核心竞争力恪守的经营理念。甲骨文公司的总裁说："之所以提出'永远领先半步'而不是一步、两步、三步，是因为只有稍稍领先，才能步步领先，从而获得市场的认可；但是不能够太超前，如果太超前，市场的消费点还没有形成，那样就不能达到引导市场的目的。"甲骨文公司的这种经营理念包括市场敏感度领先、销售策略领先、服务超前、规模超前等。

甲骨文公司开拓新市场时总是领先市场、领先竞争对手半步，而这半步就是经济学家和经济评论家常说的领先市场，引导消费。甲骨文公司的一位高层员工曾向媒体透露："别人的软件还没有上市计划，甚至还正在开发的时候，我们的软件就已经上市了，但是我们通常只比别人提前1个月时间。"

也许谁都会知道"一步领先、步步领先"的道理，但对所有商人来说，问题的关键在于如何走出这"领先的第一步？"

中国香港富豪吴兆声先生，20世纪50年代只是香港一家公司的小职员。有一次，他看了一部表现非洲生活的电影，发现非洲人非常爱戴首饰，便萌发了做首饰生意的念头。筹借了几千元，他就独自闯入非洲，经过几年的努力，他的生意已经做到了令人眼红的地步，许多香港商人纷纷赶到非洲抢做首饰生意。面对众多的竞争者，吴兆声并不留恋自己独创的基业，拱手相让，从首饰生意中走出来，另辟财径。

由于商业活动中以稀为奇、以少为贵的现象越来越突出，所以，要想超出众人，领先半步，就必须有"绝招"，那就是在稀奇、独特上下功夫、打主意，见人所未见、为人所未为，才能出奇制胜，步步为"赢"。

知名度的马太效应

　　一个明星做一次广告的收入上千万元，要比上千个工人辛勤一年所得还要多，这能说明明星一次出镜所包含的劳动时间是一个工人一年劳动时间的几千倍吗？

　　非也！这是名人效应的结果。

　　成龙十七岁刚出道时，当临时演员、替身、武行的价码，一天不过几十元港币；几年后跃身为主角、导演，一部戏的片酬不过一万多港币；而今他红遍国际影坛，片酬已涨至亿元港币以上。

　　这当中万倍身价的差异，就在于名人效应。名人效应之所以产生作用，在于名人的光环给人带来的无形的资产。

　　一个著名歌星的演唱会，票价会炒到几百元甚至上千元。事实上，花上这么多钱所听到的和看到的实际效果并不比电视里的好多少，但是许多人还是为能亲自感受一下现场歌星演唱的氛围而慷慨解囊。

名人效应的关键，是名人的知名度，而知名度，又是一个人的社会认知程度。名人效应之所以具有号召力，原因也在于此。

对名人而言，所有的障碍都会消除，比方说他可以与一位信奉不同宗教的艺术家共同出现在一家酒馆里，却不用担心任何的负面影响。如果赫尔曼·约瑟夫·阿布斯和赫尔穆特·施密特在一起会面，他们相互就会向对方证明，他们属于名流的圈子。一位名人与其他政治阵营的名人保持某种关系，并不会引起人们的指责，相反，人们会说这是经济界、科学界以及政治界首领间必要的接触。

出于这种名人效应的需要，甚至产生了与之相关的产业。达沃斯学术年会就是这样一种情况，它是由一位日内瓦教授每年组织召开的，这位教授深谙名人效应的奥妙，将会议筹办得十分高档以达到吸引名流的目的。

如果发表演讲的人是英国前首相、德国驻中国大使以及最新的诺贝尔经济学奖得主，那么只有真正的名流才被允许参加，他们由他们的公司派遣而来，为了享有名人之间见证效应的殊荣，公司必须给这位日内瓦教授支付很多的钱。

而另一方面，由于演讲者十分著名，他们不会再为他们的演讲索取酬金，通过在其他名人面前所发表的讲演来证明其自身的知名度，他们会感到十分满意。

建立自己的个人品牌

名声在外的人，会有更多抛头露面的机会，传媒更愿意采访、报道他，商家也更愿意邀请他做广告，当然，他也会因此更加出名。容貌漂亮的人更引人注目，更有魅力，也更容易讨人喜欢，有时一些机会的大门就好像是专门为他们敞开的，如演员、模特等。

放眼生活的各个领域，顶尖人物享受着空前的优厚待遇。在职场中，一小群专业精英享有高得离谱的待遇和过度的关注，这些都能说明具备杰出的个人才能和品牌是多么幸运的一件事情。

有才能的人获得好待遇，这种现象随着时间的推移越来越明显。比起 100 年前，我们现在的社会更算是一个由精英阶层领导的社会，一个由金钱而不是阶级、血统作为成功尺度的社会，一个"赢家通吃"的社会。

因此，大的商品生产商通常会为了形成品牌效应发动耗资几百万元的广告战，但对于个人来说，谁都无法做到这一点。不过，你也用不着面向数以百万计的观众，你有一个一览无余的、也许还可以得到拓展的顾客圈子，只要拓展自己的顾客圈子，你同样可以成为自己领域内的名人。

假如你的个人品牌只在私人生活中活动，这可能意味着，你愿意被当成丈夫、享受者和美食家、父亲、名誉协会主席、艺术品收集者或者甚至被当成资助人而受到关注。你知道，你愿意受到哪些人的关注，就应该拓宽这方面的圈子。

假如你的个人品牌定位在某个能对公众产生影响的领域，那你已经拥有了一个大得多的顾客圈子。一位当地报纸编辑的客户圈子要小于一位电视新闻的编辑，一位社区代理人的客户圈子要小于一位联邦政治家。

不过，不管怎么说，这都是一个争取信任的过程，以及被一个更大的客户群体推到一个更重要的位置上的过程。如果你是艺术家，那么所有懂艺术的人都有可能成为你个人品牌的潜在客户。

假如你是牙医、律师或纳税顾问，你的客户圈子就有可能局限在地区范围内。假如你的个人品牌属于传统的"雇员工作"领域，你作为办公室职员，你的同事和上司就是你的"客户"，你大概也愿意，让其他部门的人认定你为所在部门的"名牌产品生产者"。

假如你作为小企业的业主、售货员或代理人，那你总要对顾客有所了解，因为你知道，赢得新的顾客有多么重要。

资源丰富的优势还体现在拥有更高的社会美誉度上。这是因为，整个社会都是趋向"锦上添花"的——在你没有成功时，没有人愿意了解你、宣传你；一旦取得成功，所有人都会蜂拥而至。

伟大品牌的价值

可口可乐的首席总裁曾经对媒体放出豪言："即使全世界所有的可口可乐制造厂在一夜之间化为灰烬，我也可以靠这个品牌重新建立起新的可口可乐王朝。"

这绝非虚言，因为单凭这个品牌的价值，就可以吸引全世界的投资商为它建立新的生产基地，它锁定了所有消费者的心。

事实上，"伟大品牌"的价值已经超过了"伟大产品"。因为它已经成为一种文化符号，成为某种生活方式、价值观念的组成部分。

建立"伟大品牌"的方式可以无穷无尽，但利用有创意的广告和员工进行宣传却是最简单、最适用的方法。

本来香烟是不能做广告的，但有一种"好日子"牌香烟的厂家采用了别出心裁的创意。他们在报纸上发布一条醒目的大标题：今天是我公司员工麦克·刘易斯的好日子！

他们将当天过生日的员工名单、照片公布出来，向他们表示祝贺，宣布为他们提供相应的生日礼遇，并说明这是以人为本的企业应该做的。广告以完全没有商品内容诉求的新鲜做法，给人以极大的好感和快意，使人不但一下子就记住了"好日子"，并且还会主动传播它。

其实，员工的言行也存在着传播效应。对于某些资金紧张的企业来说，即使不登报，每个员工也都时时刻刻在以自己的言行为企业做广告，因为员工的一言一行都存在着极强的传播效应。

换言之，每个企业的形象，都受其员工言行的影响。如果企业正确地运用并加以强化员工的正面广告效应，那么对企业提升美誉度是非常有利的。

对企业来说，品牌系统分为承诺与履行两大部分，其大部分都直接地表现为员工的行为过程。这提示我们，一定要重视员工在广告乃至品牌中的作用。

因企业所处发展阶段的不同，员工在品牌形象传播或广告中的表现也不同，它大致可以分为以下四个阶段：

第一阶段，以员工行为规范养成为主；

第二阶段，使员工成为整合营销传播的主体，所言所行都是为了企业营销目标的实现；

第三阶段，使员工成为企业整合品牌传播的主导部分，以其言行带动企业品牌的提升；

第四阶段，每个员工在保持个性特点的同时，又显示企业的共有价值和社会责任，建立较高的公司美誉度。

在第四阶段，员工生活的真正意义已经升华为通过工作为社会做贡献的高度。社会民众只要接触到这样的员工，就会受到感染而信赖他和他所在的企业，成为他和他企业长期忠实的顾客。这已经达到了超广告效应，获得了更好的广告效果。

所以，一流公司的做法是，将企业品牌形象的塑造和传播与员工的职业生涯和人生目标有机地结合起来，使员工在企业中获得足够的发展和充分的参与，成为企业的主人。员工乐观负责的态度、处处为客户着想的精神、热情服务的行为，都能在不经意中，为企业品牌形象的塑造取得出其不意的效果。

锦上添花与雪中送炭

在企业管理领域，有一个知名的木桶定律：一只木桶盛水的多少，并不取决于桶壁上最高的那块木板，而恰恰取决于桶壁上最短的那块木板。

木桶理论着眼于人的不足、人的缺点，而且认为人们的缺点不足都是不好的，因而总是牢牢地盯住人的缺点和不足，千方百计地试图让人改正缺点。

与木桶定律相悖，是一个充分运用了马太效应的"杜拉克原则"。

彼得·杜拉克曾在《哈佛商业评论》撰文指出："精力、金钱和时间，应该用于使一个优秀的人变成一个卓越的明星，而不是用于使无能的做事者变成普通的做事者。"

彼得·杜拉克认为，人们不应该把努力浪费在改善低能力的人或技能这一方面，而是应该使那些表现一流的人或技能变得更加卓越。

尽管我们还不能确切地知道，把一个优秀的人变成一个卓越的人，比把一个无能的人变成一个普通的人，究竟能节省多少精力、金钱和时间，但是杜拉克观点还是被人们普遍地接受了。

杜拉克原则关注的是人的成长，组织或个人应该千方百计地创造条件，把精力、金钱和时间都用在发挥人的优点上，而让人的缺点不要干扰优点的发挥，也就是做到扬长避短。

杜拉克告诫说，坏习惯必须改掉，因为它妨碍你取得绩效。但你在某一方面的缺点和不足，却并不一定要花大力气把它提高到普通水平。因为，这样做的话，改善的很可能不是你某一方面的能力，而是使你失去自我！

所以，在企业资源的分配上，马太效应告诉我们也要锦上添花，不要雪中送炭。

举例来说，假定有一家企业有好几个事业部，许多企业在资源的分配上，常常采取"抑强扶弱"的策略，挪用绩效良好的事业部门的一些资源，补贴绩效不好的事业部门。但根据马太效应，企业应该大幅删减那些绩效不良、没有前途的事业部门的资源，对于那些绩效良好，或有前景的事业，则应该给予更多的资源。

如此一来，企业可以更强化其本来的优势，而整体的绩效将会更好。换句话说，企业经营应该把握"抑弱扶强"的原则。

建立强大的人才磁场

　　知识经济是一个人才主权的时代，也是一个人才赢家通吃的时代。所谓人才主权时代，就是说人才在我们这个时代有了更多的就业选择权与工作的自主决定权。另一方面，资本也在不断地追逐知识、寻找人才，形成人才的集聚效应。正如我们所说的，不管是企业购并也好，兼并也好，在某种程度上，与其说我们在购并企业，不如说我们是在购并人才。

　　美国经济的发展，便是人才集聚效应的很好例证。据统计，美国大学入学教育已接近普及水平，其大学入学率1996年为80.6％，居世界首位，1995年美国每十万人中拥有大学生的人数为5341人。

　　在积极开发本国人力资源的同时，美国还千方百计地吸引国外优秀人才。一方面他们从国外特别是发展中国家高薪挖人才、抢人才，另一方面他们广招留学生，并以优厚的人才待遇、先进的实验室和丰富的文献资料为有才华的外籍学者提供各种方便，从而使留在美国的留学生人数迅速增加。

据统计，在 1991 ～ 1992 年留美的外国留学生约 60 万，但有近 65% 的留学生学成毕后留在美国并加入美国国籍。充分的教育机制，加上广招世界优秀人才的政策措施，使美国聚集了大量的优秀人才。正是人才的这种集聚效应推动美国经济出现持续 8 年的增长，使美国 GDP 的比重从 1990 年的 24.2% 上升到 1998 年的 28.6%，成为世界上唯一的超级大国。

沉寂许久的中美史克公司又在市面上露面了，这次他给公众带来的是不含 PPA 的"新康泰克"。该公司总经理深有感触地说，那场禁药风波曾一度使公司岌岌可危，但即使是这样，公司仍没动过一名干部，没炒过一名员工，而是让这些员工拿着分文不少的工资放长假。在这段时间里，上至公司总裁，下至普通工人，大家心往一处用，劲往一处使，无偿加班加点，不计任何报酬，形成了独特的企业文化和凝聚力。

放眼四望，那些打着以人为本，员工是"上帝"招牌的企业何止千万，但大多挂在嘴上，真正落实到行动上的是少而又少。这些企业将员工当作廉价劳动力，千方百计地压榨员工的血汗，侵害职工的权利。

在他们眼里，员工只是挣钱的工具，毫无温情可讲，一旦企业有风吹草动，则视员工为洪水猛兽，将员工一股脑地扫地出门，他们惯有的解释就是"企业不是收留所，哪有闲钱供你白吃白喝"。岂不知裁人也是把双刃剑，一着不慎，既伤员工，更伤自己，企业也将陷入恶性循环，永难有出头之日。

20 世纪 30 年代美国爆发经济危机，福特汽车公司陷入全面困境，在一次董事会会议上老福特力排众议，不裁减一名员工，每月自己只拿 1 美元薪水。当与会者走出会议室时都惊呆了，整个工厂灯火通明，全体职工坚守岗位、自愿加班、无偿劳动。老福特深受感动，所有的董事也是热泪盈眶。三年后，靠着全体职工的努力，福特汽车终于翻过身来，重新称雄美国汽车市场并稳坐头把交椅。

人是生产力中最活跃的因素，是企业赖以生存和发展的根本。那么，一个野心勃勃的企业又该如何吸引人才、留住人才，形成人才的集聚效应呢？

实践证明，成功的企业对人才来说，就像是一块"磁石"。可口可乐、高盛、摩根士丹利、诺基亚都是利用良好的形象来吸引人才的。良好的形象来自过硬的产品和知名的"品牌"，它使企业在人们心目中树立起崇高的威望，从而乐意为它贡献才智。

用好人才的关键在于更新观念，不拘一格用人才，为人才创造一个用武之地。作为一名成功的企业家，并不在于自己是否起早摸黑、加班加点，而在于如何充分调动职工、人才的积极性和创造性。一位美国企业家说得好，领导者就如同乐队指挥，指挥得当，能演奏出一曲动人的乐章，否则只能一事无成。

在知识爆炸的时代，人才这个概念是有时间性的。作为企业，要使自己在市场竞争中立于不败之地，就不仅要用才，而且要养才、蓄才，使人才源源不断，后继有人。

Part 3

警惕马太效应的泡沫

一个真正了解马太效应的人绝不会轻视任何可能的隐患。他明白为了长远利益必须放弃眼前的蝇头小利，他深知所有的事物都有其内在联系，他懂得一次战斗不如一场战争重要。

发现胜利的真实意义

如果看过职业台球高手打球，你会很惊讶地发现：打台球似乎很容易，这些高手一般不会表演什么令你瞠目结舌的绝技，他们打进的球，你似乎也能打进。

但每个会玩台球的人都懂得，台球打得准并不很难，经过几次练习，谁都可能把球打进，困难的是要学会怎样控制母球，为下一次击球做好准备。

高手知道以后的球要靠现在这一击，所以他不会只为眼前这一球而打，也绝不会因为某球好进洞而去击球。他在击打现在的某球时必须考虑下一个球该怎么打，否则，接下来的每一球都会变得越来越难以处理。

如果你控制不了母球，或者根本就不考虑母球的走向，那么你很快就会陷入马太效应的负效应——所有的麻烦都会越滚越大，直到无力解决。

尽管你可能是第一次察觉自己做了个笨拙的决定，但这绝对不是第一次，以前的愚蠢行为所带来的后遗症，以及被你忽略的细节会衍生出一系列的问题。

没有意识到某件事对另一件事的影响，采取行动时不考虑未来，一再地做出未经深思熟虑的决定，这些都是不考虑"母球"走向的愚蠢行为。如果任其发展，很快你将陷入无能为力的境地。

这时你可能发现，你一直自鸣得意的种种"胜利"其实都是给自己埋下的地雷，可惜的是，此时醒悟恐怕为时已晚，你已经深陷于自己布下的"雷区"而举步维艰了。"杀鸡取卵"和"掠夺式"的经营方式、目光短浅的经营战略、人际交往方面的轻慢以及个性弱点，最终都可能使你败下阵来。

有一个男孩常遭到同伴的嘲笑，因为每当别人拿一枚1角的硬币和一枚5分的硬币让他选择时，他总是选择5分的硬币，大家都笑他愚蠢。

有一位同伴觉得他太可怜了，就对他说："让我告诉你，虽然1角的硬币看起来比5分的硬币要小些，但它的价值是5分硬币的两倍，所以你应该拿1角的硬币。"

但小男孩回答说："假若我拿的是1角的硬币，下一次他们就不会拿钱来让我选了。"

小男孩明白，只有选择5分钱的硬币，他才可以长期拿下去；选择1角的硬币，只能有眼前的利益，实际上并不是好办法，这是目光长远的最佳例子。

战术运用的目的在于"争取主要的策略性目标"。一旦人们将战术目标看成最后目标，就看不见策略目标了。在谈判中，有时双方都会运用以进为退或者以退为进的战术，你不能因此忘掉谈判的最后目的。

所以，每个人都得随时对行动的环境和真实情况的处理提高警觉，特别是当他自以为取得胜利的时候。

提高实力，做到名副其实

皮罗斯是古罗马时期的一位国王，在一场血腥的战斗中，他虽然获得了最后的胜利，却损失了大半的精锐部队。望着尸横遍野的战场，他感慨地说："再来这样一场胜利，我就完蛋了。"

古往今来，大凡有所造诣的杰出人物，往往都要受到马太效应的影响。如果人们不能正确对待马太效应带来的"胜利"，一味陶醉于鲜花、掌声和媒体的包围之中，就极有可能从此停滞不前，甚至付出沉重的代价。

现代名人的最大危机在于名声与成就分离、名实不符。虽然名人充斥在各种炫目的舞台上，但公众对待名人的态度，已经从尊敬变成一种观赏、一种消费，名人的地位就会大起大落。

某些唱过几首歌、得了几枚奖牌的"文体影视明星"，某些创造点儿成果的"科技明星"，某些取得一定政绩的

"政治明星"，不是马不停蹄地继续努力，而是急于表现自己，热衷于制造轰动效应。他们整天穿梭在媒体和各种社会场合之中，虽然风光无限，却有可能从此事业受阻、星光暗淡。

对于企业，对于所谓的强者，在传媒眼中是不受宠的。在它如日中天的时候，自然会有无数记者围在强者面前打转，可是一旦企业出现危机的征兆，他们立即会反戈一击，以反思、知情、评判的角色来表现自己的职业道德。

而且媒体造成的轰动效应就像啤酒的泡沫一样，总有虚假的成分。这是媒体炒作的特点决定的，个人很难左右。你唯一能做的就是保持清醒的头脑，远离媒体，专心去做自己的事业。

所以，好不容易取得名声的人，必须不断求创新、求进步，不断有新鲜的、真材实料的"牛肉"端上媒体的餐桌，亦即不但要名实相符，还要精益求精，跟上时代潮流，才不致遭到淘汰的命运。

当然，我们不是说要有所作为就必须"与世隔绝"，断绝与外界的一切关系，而是说，要善于克制自己，经得住各种诱惑，尽可能专心致志于自己所钟情的事业。如果社会习俗、大众媒体硬是不予"照顾"或不理解，那只能做出"无情"的选择了。

成功意味着获胜，但获胜不一定意味着成功。关键要看胜利是怎么取得的，它是否增加了获胜者在各方面的资源。一个人做生意赚了10万元，而另一个人靠彩票中了10万元，尽管从金钱收益来看完全一样，但其价值是不同的。

对于前者，他积累了经验，增强了自信，也因此打开了销售渠道并获得了很多伴随而来的附加价值；而后者除了那10万元以外，一无所获。如果他从这次意外的胜利中得到了错误的认识，以为自己可以以彩票挣钱，那么这次胜利甚至可能是有害的。想想那个守株待兔的农夫，不就是因为一次好运而荒废了自己的土地吗？

马太效应告诉我们：胜利会增加我们的资源，增加我们再次获胜的可能。换言之，我们应该追求那些可以持续为我们带来"附加价值"的胜利。这一原则要求我们不仅要获胜，而且要以正确的方式和手段获胜。

一个真正了解马太效应的人绝不会轻视任何可能的隐患。为了长远利益他可能放弃眼前的小利，他深知所有的事物都有其内在联系。他懂得一次战斗不如一场战争重要，他知道如何"把球打进"，更懂得如何为"下一击"乃至"最后一击"做好准备。

获胜是令人快意的，但这还不够，你要的不仅仅是一场胜利，而是使它成为一系列胜利的开始。

远离不良的朋友

为了摆脱马太效应的负效应，在扩大自己的人际关系时，你千万不要忘了，如果择友不慎，就可能面临越来越大的麻烦。

在生活中，特别是在开创事业之初，你可能需要寻求朋友。但是，请千万注意，不要结交那些有害无益的朋友，不要被他们拖入浑水之中。

环境和朋友，对我们的一生有莫大的影响，可以说，交上怎样的朋友，就会有怎样的命运。因此，在选择朋友时，你要努力与那些乐观肯定、富于进取、品格高尚或才华出众的人交往，只有这样，才能保证你拥有一个良好的成长环境，获得较好的精神食粮以及朋友的真诚帮助。

与此相反，如果你择友不慎，结交了那些思想消极、品格低下、行为恶劣的人，你就会陷入恶劣的环境中难以自拔，甚至受到"恶友"的连累，成为无辜受难者。

假如你已不慎交上了坏朋友，我劝你立即采取敬而远之的态度，要知道：把一只烂苹果留在筐里，会使一筐的苹果全都腐烂。

要结交懂得自尊自爱的朋友，因为人如果不自尊，便无法尊敬别人。假如我们所结交的朋友都是懂得自尊自爱的人，相信大家都会互相尊重。与身心健康的人交往，不仅可以得到别人的尊敬，也可以促进自己的身心健康，提高品德修养。

身心健康的人，通常都有很强烈的个人意识，不喜欢轻易附和别人的意见，这也是诚实的一个方面。他们不仅能忠实于自己，也能忠实于朋友。

此外，他们的心态一直都很稳定，待人和蔼、与人愉快相处，过着安定、快乐的家庭生活，受到人们的尊敬和喜爱；他们工作卖力、意志坚强，而且也有经济独立的能力；他们善于控制自己，对自己的缺点并不十分苛求，能享受过去及现在的生活，对未来也充满希望。因此，他们很容易获得事业的成功。

身心健康的人不仅能在工作岗位上恪尽职守，而且也能在人生的旅途中，享受真正的乐趣。如果你本身就是这样的人，一定能够很轻易地分辨出别人是否和你具有相同的性格。

一失足成千古恨

守信是一大笔收入，背信则是一笔庞大的支出，其代价往往超过其他任何过失。一次严重的失信会使人信誉扫地，再难建立起良好的信赖关系。因此，一旦进入失信的马太效应，你将会陷入无穷无尽的麻烦。

无论埃克森石油公司（现在是埃克森－美孚石油公司）在环境方面做什么努力，很多人总是记得它在阿拉斯加的瓦尔迪兹石油泄漏事件上的重大失误。埃克森公司曾考虑利用一次广告活动宣传自己在环境保护方面的项目，但担心许多人会疑心这是蓄意欺骗。的确，埃克森公司一定想知道，这些影响什么时候才算完？

康拉德·希尔顿（Conrad Hilton）有一个著名的论断，经营酒店的三个最重要的因素是：地点、地点、地点。现在，我们依葫芦画瓢，也可以说每个企业最需要的有三样东西：信誉、信誉、信誉。

多年以来，一些大企业的老总认识有严重的失误：他们故意向股东、客户和政府传递错误信息，千方百计用骗人的手段发财致富。很多"伟大"的企业家比早些时候的强盗资本家好不了多少，人们为他们工作根本就是别无选择——如果你想星期天还能有米下锅，你就必须将灵魂出卖给公司。

当今社会，好像很少有哪个公司能长时间保持盛名不衰。市场力量和经营现代企业帝国（更像是政府）的复杂性，使得管理企业不可能一帆风顺。早晚有一天，你会在某个时间、某个地点遇到礁石。

正因如此，越来越多的企业正在关注自己的信誉，而且开始认识到（与其他问题一样）它需要专业化的管理。他们逐渐认识到，信誉正在影响到公司内部和外部股东的许多东西，包括股票价格、人才的去留、财务关系、客户关系、供应商关系。

除此之外，一些优秀的公司还发现了关于信誉的另一条真理：重要的是人们如何看待你的信誉——在公司雇用和留住人才方面的能力尤其如此。

所以，如果你想成为人才的吸铁石，首先要关心别人如何看待你——即使他们错了，你也毫无办法，往里面投钱也不会有多大帮助。

没什么人会相信桥石轮胎公司 (Bridgestone) 的费尔斯通 (Firestone) 分部还能再吸引客户，更别说新的雇员。它与福特汽车公司的公开冲突使它拥有了一个很难摆脱的坏名声，没有人愿意拥有这个坏名声——包括诺埃尔·科沃德在内。

美国电话电报公司（美国在线）被讥讽为"互联网界最

糟糕的地方",它的软件也被称为"地狱之碟",谁还愿意去理会这些公司的各种广告呢?

你可以拥有全球性的信誉,这可以用来满足你对财务分析人员、投资家、高层管理人员的需求;你也可以拥有在某个地区或国家的信誉,从而很好地满足你在特定市场的需求。如果以上目标能够达到,在某个市场信誉不好就不会影响到另一市场了,至少你公司的人才招募工作能够顺利进行。

摩托罗拉就是这方面的一个很好的案例。虽然在苏格兰再没有人愿意为这个公司工作(而且没有哪个苏格兰人再买它的移动电话),然而在遥远的亚洲,这个公司的信誉却是"无出其右者"。作为一个很早就在亚洲投资的企业,摩托罗拉成为当地劳动力的"首选公司":它将培训和自我发展作为在当地招募人才的中心主题。

菲利普·莫里斯公司(Philip Morris)也有同样的故事。在欧美的大多数地方,毕业生回避这家公司,因为他们相信烟草生产轻视了现代企业的行为准则,生产这样导致人死去的产品是个道德问题。

但是,在波罗的海的爱沙尼亚你会发现,菲利普·莫里斯是当地人最愿意工作的地方。他们为爱沙尼亚最优秀的大学毕业生提供快速升迁的机会、一流的培训和到国外工作的机会。在塔林(爱沙尼亚的首都)大学的经济课上,你从不会听到这样的说法:"在大型跨国公司喝咖啡加班到深夜多么辛苦。"

"会当凌绝顶"固然很风光,但辛辛苦苦得来的信誉也可能会一夜扫地，只要你的队伍里出了一两个不满意的捣蛋分子。信誉总是那么不堪一击，在多数人觉得一个公司很好的时候，比如说我们是某个公司的股东，我们觉得公司发展得很好，可在别人的内心深处可能完全是另一回事。

因此，对一个持续经营的企业来说，进入马太效应的正效应，防止出现马太效应的负效应是其最主要的工作。

使你的资源增值

约翰逊是纽约某大报的记者，他大学一毕业，当了两年兵退伍，然后就顺利地到一家大媒体报纸当财经记者，而且任何他要采访的对象，似乎都可以手到擒来。附带一提，由于约翰逊长得很帅，又是大报的记者，所以受到许多美女的青睐。

就在一切都很顺利的时候，约翰逊有一次与公司主管发生冲突，心里觉得很委屈。这时候，突然有一家小型报纸想高薪聘请他，而且愿意让他主跑外地新闻线。

约翰逊心想："我在新闻媒体圈才工作了一年，就已经小有名气了，现在有人出多50%的薪水挖我，又让我跑自己喜欢的新闻线，我为什么要留在这里受闷气呢？"于是约翰逊跳槽了。

约翰逊到这家小报纸上班采访的第一天，怪事便发生了。原本可以立即顺利邀约采访的明星和大老板，都推说有事，要另外安排时间，而原本安排给自己出书的出版社，也突然推说出版计划受到经济不景气的影响要暂停，甚至那个本来见到他都很和气的豆腐西施，看到他新公司的招牌后，脸孔也换成一副欠她钱的样子。

刹那间，全世界都好像在跟约翰逊作对，变得不认识约翰逊这个人了。当然，约翰逊由于绩效不如预期，也时常遭受新老板的冷眼相对。

约翰逊觉得很郁闷，他不知道自己原来就像一只"狐假虎威"的狐狸，不知道以前别人对他表现的尊重与喜爱，是因为他背后代表的大媒体招牌拥有的舆论力量，而不是因为他本身的专业与人际关系的积累。

可见，有时决定一个人身份和地位的并不是他的才能和价值，而是他背后隐藏的资源。一个人要想取得成功，就必须占有充分的资源。

Part 4

突破马太效应的瓶颈

无论从事什么职业，当你正同许多从业多年、根基牢固的同行们竞争，而自己还是一个无名小辈时，你必须跨出艰难的第一步，进入马太效应的良性循环。

迈出成功的第一步

　　"好的开始是成功的一半"，这句话我们都耳熟能详，但事实上，大多数的人都没有一个好的开始。

　　以工作——影响我们生活的最重要因素为例，工作决定了我们的收入水平、社会地位和自我实现的程度，它还决定了我们的生活是什么样子、与什么样的人交往以及是否从自己的工作中得到快乐。

　　然而，对于如此重要的事情，我们却经常准备不足，无论是从长远的计划、还是日常的工作，很多人都采取敷衍了事、听天由命的态度。这又何谈"好的开始"呢？

　　回想一下马太效应是怎么说的？"凡是有的，还要给他，使他富足；但凡没有的，连他所有的，也要夺去。"因此，当你每天都做得非常好的时候，后面的人要迎头赶上是非常困难的。

　　所以，这是一句值得重复无数次的话——"好的开始就是成功的一半"。最成功的人，都有一个良好的起始点。那么，如何才能有一个好的开始呢？

如果你对大部分成功者进行一番调查就会发现，好的开始来自事前充分的准备和立即采取行动的精神。

成功学大师卡耐基说过："好的开始来自事前充分的准备，充分的准备来自事前详细的规划，详细的规划来自前瞻性的思考。"

一个人如果有前瞻性的思考，如果给自己充分的时间做准备，那么，他所做的每一件事，都会有很好的成效。每一天都在做准备，每一天做的事情都是在为将来做准备。当你做了充分的准备，机会来临时就是你的，如果你没有做好准备，任何机会都可能不是你的。

市场上所有的领导者，几乎都是准备比较充分、起步比较早的人。起步比较早的人，不一定要做得比别人好。可是，因为他的准备充分、起步较早，便有更多机会调整错误。

如果你的起步比别人晚，从现在开始，立即采取行动，而且每天都要比别人做得多、做得好。此外，商业中总是有未开发领域，你要去思考如何比别人捷足先登，这就是前瞻性的思考。做每一件事情都要比别人早一步，都要比别人更迅速地掌握未来的动态、未来的信息、未来的走向。

这是赢家拥有的理念，是他们思考的模式，也是他们的秘诀——不管你做任何事情，千万要让自己有一个好的开始。

主动学习，自动自发

手工业时代，男孩为了学一门手艺常拜师学艺多年，却无法拿到一分钱工资，但他们毫无怨言。

如果我们发现自己的老板并不是一个睿智的人，并没有注意到我们付出的努力，并没有给予相应的回报，那么也不要懊丧。我们可以换一个角度来思考：现在的努力并不是为了现在的回报，而是为了未来；我们投身于商业并不是为了别人，而是为了自己；人生并不是只有现在，而且有更长远的未来。

人可以通过工作来学习，可以通过工作来获取经验、知识和信心。你对工作投入的热情越多，决心越大，工作效率就越高。当你抱有这样的热情时，上班就不再是一件苦差事，工作就会变成一种乐趣，就会有许多人来聘请你做你喜欢做的事。

罗斯·金说："只有通过工作，你才能保证精神的健康，在工作中可以进行思考，工作才是件愉快的事情。两者密不可分。"

年轻人应该从头学起，担当最基层的职务，这是件好事。世界上有许多大企业家在创业之初都要做那些琐碎而单调的事情。他们与扫帚结伴，以清扫办公室度过了企业生涯的最初时光。

我们经常会发现，那些被认为一夜成名的人，其实在功成名就之前，早已默默无闻地努力了很长一段时间。成功是一种努力的累积，不论何种行业，想攀上顶峰，通常都需要漫长时间的努力和精心的规划。

如果想登上成功之梯的最高阶，你得永远保持主动率先的精神，即使面对的是缺乏挑战或毫无乐趣的工作。当你养成这种自动自发的习惯时，就有可能成为未来的老板和领导者。那些位高权重的人是因为他们以自己的行动证明了自己的勇于承担责任，值得信赖。

自动自发地做事，同时为自己的所作所为承担责任。那些成就大业之人和凡事得过且过的人之间最根本的区别在于，成功者懂得为自己的行为负责。没有人能促使你成功，也没有人能阻挠你达成自己的目标。

成功的人很早就明白，什么事情都要自己主动争取，并且要为自己的行为负责。没有人能保证你成功，只有你自己；也没有人能阻挠你成功，只有你自己。

许多公司都努力地把自己的员工培养成自动自发的人。自动自发的员工，有独立思考能力，并勇于负责。他们不会像机器一样，别人吩咐做什么他就做什么。他们往往会发挥创意，出色地完成任务；而不能自动自发工作的员工，则墨守成规、害怕犯错，凡事只求符合公司规则。他们会告诉自己，老板没有让我做的事，我又何必插手呢？又没有额外的奖励！这两种截然不同的想法会明显地导致不同的工作表现。

成功的机会总是在寻找那些能够主动做事的人，可是很多人根本就没有意识到这一点，他们早已养成了拖延懒惰的习惯。只有当你主动、真诚地提供真正有用的服务时，成功才会伴随而来。而每一个雇主也都在寻找能够主动做事的人，并据他们的表现来犒赏他们。

现在就动手做吧！当你意识到拖延懒惰的恶习正在你身上显现时，不妨用这句话警示自己。从任何小事做起都可以，并不是事情本身有多么重要，重大的意义在于你突破了无所事事的恶习。

具备前瞻眼光和超前意识

人们常说"一步领先，步步领先；一步落后，步步落后"，因此，培养和树立超前意识、具备前瞻眼光，就显得极为重要了。任何部门、任何单位、任何个人，要想发展自己就必须在这一点上下功夫。

不如此，就很难准确地看到和把握住生活中大量一晃而过的不显眼的契机，以及由此带来的重大机遇；不如此，也就往往使我们跌落在"随大流"的人流大潮之中，以至于很难使自己迈进"领先"的道路上，从而给自己的发展带来很大的限制。

越是领先，空间就越大，越是挤在拥挤的人流大潮中，空间就越小，生活的道理本来就是如此简单。

所谓前瞻眼光和超前意识，体现在三个方面：

一是在动态中准确地预见事物的发展趋势；

二是在静态中及时地预见事物产生的变化；

三是在平平常常的工作、生活、学习以及友好往来中善于发现不显眼的契机，并预见到它蕴含的价值和意义，从而牢牢地抓住它，充分地发展自己。

　　三者之中，前二者往往体现在重大问题中，比较难做到，因为它需要一定的理论功底。而后者就在我们的实际生活中，只要我们有意识地锻炼、有意识地思考，就会很快地提高，并见之于成效。

　　人们常说："机会人人有，就看你能不能发现，能不能抓住。"这句话讲的也是这个道理。从单位到个人，特别是部门领导，要善于在每件事情上都以前瞻的眼光、超前的意识去想一想、看一看，有没有什么潜在的"契机"可以抓。如果有，就要抓而不放，并让它最大限度地体现出实际成果。

　　如果经常地这么想、这么做，那么无论是单位还是个人，就会始终处在"领先"的位置，让自己不断地拓宽发展空间。

　　其实，从本质上来讲，强调前瞻眼光、超前意识，就是强调高起点思考问题，就是强调在思考问题时，要善于跳出时间的局限、地域的局限、人际的局限、思维定式的局限，从一个更为广阔的角度去考虑问题，如果真能这样地去做，我们必定能时时处处抢占先机，永远处于领先地位。

不走寻常路

有家大型广告公司招聘高级广告设计师，他们要求每个应聘者在一张白纸上设计出一个最好的方案，没有主题和内容的限制，然后把自己的方案扔到窗外。如果谁的方案最先设计完成，并且最先被路人捡起来看，谁就会被录用。

设计师们开始了忙碌的工作，他们绞尽脑汁地描绘着精美的图案，甚至有人费尽心思地画出诱人的裸体美女。就在其他人都手忙脚乱的时候，有一个设计师非常迅速、从容地把自己的方案扔到了窗外，并引起路人的哄抢。

他的方案是什么呢？原来，他只是在那张白纸上贴上了一张面值100美元的钞票，其他的什么也没画。就在其他人还疲于奔命的时候，他已经稳坐钓鱼台了。

这就是独特创意的威力！

不盲从、不做毫无个性的跟随者，最重要的就是要有自己的创意。创意就是你生命活力的激发。

你是什么样的人就决定了你走什么样的路。跟在别人屁股后面亦步亦趋难免陷入被吃掉或被淘汰的命运。不走寻常路才是你脱颖而出的捷径。对个人来说是如此，对于组织来说更是如此。

当互联网经济一片繁荣时，无数的公司都将大把大把的金钱砸进了网络里，网络泡沫甚嚣尘上，大家似乎都看到了新时代的福音，一窝蜂地往里挤，争着做羔羊。

但是，在这些公司里，真正有创意、有理念的有几家呢？市场给了我们最好的回答。在网络泡沫中，无数的公司都被淹没了，最后存活下来的不过寥寥数家而已，大多数公司早已销声匿迹，在泡沫过后连残渣都没留下。

自己的未来终归要掌握在自己手里。因此，你必须时刻保持警惕，时刻保持自己的个性，时刻保持自己的创造性，自己把握自己的未来。

一个没有个性的人是可悲的，一个没有个性的组织注定是短命的。

要想有独立的创意，首先就要求我们不要人云亦云，跟在别人屁股后面是捡不到钱的，所以一定要培养自己独立思考的能力。

有创意的员工对于企业来说也是非常重要的。优秀的企业对于他们的创新斗士都有一套周全的支持系统，在这个系统的支持下，创新斗士的队伍才可以不断地发展、兴盛、壮大，从而使优秀的企业一直保持人才优势和竞争优势。

对于有创意员工的奖励制度怎么加强都不过分，如果没有这一制度或系统，员工的创造力和积极性就会受到打击，这对于企业来说是一种致命的危险。事实上，优秀的企业能够不断进步的秘密就在于持续不断的创新意识。

因此，不管是加入一个组织或者是自主创业，保持创新意识和独立思考的能力都是至关重要的。

对于善于独立思考而又能掌握领先要诀的人，他的前途一定是光明的。

不一定从底层做起，起点要高

你见过这种情况吗？许多人在做普通营业员的时候，丝毫没有流露出各方面的发展潜能，但当这些人创业后，其智慧和能力突然间出现突飞猛进的发展。

要实现自我创业的梦想，就要调整你的资源，好让你可以专注在具有高价值的事情上；接下来，再确定赚得的价值能为你所有。在人生中，你应该尽早做到让自己的工作全部归自己拥有。

多数企业雇了太多经理人，而这些员工产生的是负面的价值。然而，具备赢家素质的员工，效率通常比平均水准高出数倍，所获得的酬劳却不可能数倍于同伴。因此，这些员工一旦自立门户，往往对自己更有好处。

当你自己是老板时，你做的就是你赚的，这对于懂得如何运用才能的人来说是好消息。

但如果你正处于快速学习的阶段，就不适合自立门户。

假如你对公司的付出和你的酬劳之间不成比例，但公司教给你的东西很多，那么，其价值远高于酬劳不及之处。这种情况在事业开展的头两三年里最常见。

此外还有一种情况是，一位经验较丰富的人才加入一家新公司，因为新公司比先前的公司要求更高，这个人利用几个月时间快速学习，就像人们所说的"偷师学艺"。当学习时期结束后，就自立门户吧。别太担心有没有保险的问题，你的专业知识与你的赢家品质就是你的保障——待在一家公司，也不能给你更多的保障。

为了不长久屈居人下而准备动手创业，无可非议，但你非得有广阔的胸襟、远大的眼光不可。面对入不敷出、经营形势不利的情形时，你要努力调整使收支平衡。面对一切可能出现的危机和困难时，你必须努力奋斗，克服困难，渡过难关。面对市场萧条、生意清淡的情况时，你更要竭尽全力支撑门面，安然过渡。你更要立下决心，对任何艰难险阻都绝不退让；出售任何商品都绝不心存欺骗；每笔支出都要花在刀刃上，万万不可因爱慕虚荣而胡花乱用，坚持这样做，就能够使自己的声誉远播。

一个准备独立经营事业的人，必须完全依靠自己，完全信赖自己，自己拯救自己。如果不能做到这一点，还是去拿别人的薪水为好。

总是依赖他人，完全靠薪水维持生活的人最容易削弱自己潜在的才能。因为这样的人处处得受老板管束，不能全面地发展自己，而只有在行动上、事业上、言论上、思想上都获得自由的人，才有进步的可能。其实，经商是一种最伟大的教育，唯有经营商业，才最能训练出一个头脑清晰、目光敏锐、能够完全自立自助的人。

受雇于人、受人管束，就像是一种木偶式的生活：不大用自己的脑子，也无须自己去考虑问题，去设计方案，去研究对策，每天只要按规定时间坐在办公室里欺上瞒下就可以了。这种人根本无法全面发挥自己的才能，他所应用的能力只是他身体里很少的一部分。他无须考虑自己企业的业务情况，更不需要设想如何投入自己的精力和资本，也用不着时时考虑把握好的商机，所以很难谈得上什么发展。

你也许已经明白：独立创业，并非希望去赚多少利润，主要目的在于通过独立经营多学些实用的知识，并把人的各种潜能大大地开发出来。当你的资源扩充到一定规模时，利润和成功也就如瓜熟蒂落般的到来了。

修剪你的愿望

　　如今，知识的分科越来越细。如果你学的是医科的内分泌系统疾病，那么你完全可能对如何做心脏病手术一无所知。

　　社会科学领域也是如此。当一位研究古代史的历史学家同另一位专攻现代史的历史学家坐到一起时，也可能会无话可说，因为他们的研究范围各不相同。

　　从某个角度看来，这种现象令人忧虑，因为这表示在知识界甚至全社会中，没有谁能够综合不同范围里的知识层面，并告诉我们这些知识的意思。但从另一角度来说，知识分科，代表知识需要专业化。

　　美国经济学者盖里·瑞奇，把美国的劳动力分为四个族群，最高的族群是"符号分析师"，包括财务分析师、顾问、建筑师、律师、医生和新闻记者，他们处理的是数目、想法、问题和文字。这群人的智力和知识，是力量和影响力的来源。瑞奇称这一族群为"幸运的1/5"，他们的酬劳占据了所有劳动力酬劳的 80%。

尽管时势所趋，酬劳集中在顶尖人物身上，但对于个人来说，知识的分科专门化使事情大有可为。如果成为专业人士，也许你不会是下一个爱因斯坦或比尔·盖茨，但少说你眼前也有数十个有利的位置可供选择。

拥有一种专门的技能要比拥有十种心思更有价值。有专门技能的人随时随地都在这方面下苦功求进步，时时刻刻都在设法弥补自己的缺陷和弱点，总是想方设法把事情做得尽善尽美。

而有十种心思的人就不同了，他可能会忙不过来，要顾及这一点又要考虑那一点，由于精力和心思分散，事事只能做到"尚可"为止，结果当然是一事无成。

富有经验的园丁往往习惯于把树木上许多能开花结果的枝条剪去，一般人会觉得很可惜，但是园丁们知道，为了使树木能更快地茁壮成长，为了让以后的果实结得更饱满，就必须忍痛将这些旁枝剪去。否则，若要保留这些枝条，那么将来的总收成肯定要减少无数倍。

富有经验的花匠也习惯于把许多快要绽开的花蕾剪去。这是为什么呢？这些花蕾不是同样可以开出美丽的花朵吗？花匠们知道，剪去其中的大部分花蕾后，可以使所有的养分都集中在其余的少数花蕾上。等到这少数花蕾绽开时，一定可以成为那种罕见、珍贵、硕大无比的奇葩。

做人就像培植花木一样，与其把所有的精力都消耗在许多毫无意义的事情上，还不如看准一项适合自己的重要事业，集中所有的精力，全力以赴、埋头苦干，肯定可以取得杰出成绩。

如果你想成为一个众人叹服的领袖，成为一个才识过人、无人可及的人物，就一定要排除大脑中那些杂乱无章的念头。如果你想在某一重要的方面取得伟大的成就，那么就要大胆地举起剪刀，把所有微不足道的、平凡无奇的、毫无把握的愿望完全"剪去"，在一件重要的事情面前，那些旁枝末节必须忍痛"剪掉"。

世界上无数的失败者之所以没有成功，并不是因为他们才干不够，而是他们不能集中精力、全力以赴地去做适合自己的工作，他们使自己的大好精力东浪费一点、西消耗一些，而自己竟然从未察觉。所以，一个人如果过多分散精力于非本职领域，就可能一直无所作为或者一直走下坡路。

如果他们把心中的那些杂念一一剪掉，使生命中的所有养料都集中到一个方面，那么他们将来一定会惊讶，自己的事业竟然能够结出那么美丽丰硕的果实！

在生物界里，每一个物种都在寻找新的生态位置并发展新的特征，这是生命本身的演化方式。趋向专业化，是全世界的生活通则——没有专业能力的小公司将会无法生存，没有专业能力的个人只能一辈子拿固定的薪水。

在自然界，究竟有多少物种无人确知，但数目肯定大得惊人。而在商业世界里，在某个领域遥遥领先的企业的数目也远大于一般人的了解。许多看来是在广大市场中竞争的小公司，实际上都已经避开与大公司的直接竞争，而只在自己的有利位置上遥遥领先。

个人也一样，与其在许多事情上都只有浅薄的认识，不如充分、深入地了解一些事情，最好是专攻一件事。

为什么你能够成为某一领域的赢家？因为在这个领域内，你比别人做得更好。

如果你能够比别人更专业，就会取得决定性的优势，并利用优势取得发展机会，从而使优势不断扩大。人类的文明史其实就是一个不断专业化的进程。越来越专业化的发展，造就出越来越高的生活品质。

电脑是从电子业的专业化演变而来的；而后，进一步的专业化带来个人电脑。而个人电脑的软件越来越好用，也是专业化的结果。至于可以带来食品业革命的生化科技，也是如此演变而来，每一项新的进步都促进下一步的专业化。

在职场中，有一项非常显著的趋势：技术人员的力量与地位正在持续提升。以前是蓝领阶层的工人，借着更专业化的信息科技与专业知识，已经成为一些领域内的专家。现在，像这样的专家所得到的酬劳，有的已经比经理人更高，其地位也更重要。

能不能开创一番事业，关键在于知识。你应该比别人更了解某个领域的知识，然后想办法把它转化成商品，创造一片市场，赢得顾客和利润。

如果无法全面超过别人，你至少应该在某些事情上知道得比别人更多。努力加强自己的专业知识，不要停，一直到你比你的同业知道得更多、做得更好。然后，借着经常练习和不懈的好奇心，强化你的专业领导地位。

现代社会的竞争日趋激烈，所以，我们必须专心一致，对自己的工作全力以赴，这样才能得心应手，取得出色的业绩。

成为专家的艺术

如何才能很快地在你所从事的行业中受到注意，占有一席之地呢？有两种办法：

第一，赚很多钱，只要你有钱，人人都会对你另眼相看。可是年轻人不大可能一踏入社会就赚大钱，绝大多数的年轻人都要工作七八年，到了一定的年龄，打下坚实的基础，才能积累足够的资金。因此想靠"赚很多钱"来受到注意是需要很长时间的。

第二，尽快使自己成为某一行业的专家。一个人能不能赚大钱和能力固然有很大关系，但也要机来运转，换句话说，虽然你想赚大钱，但却不一定赚得到，但只要你肯下功夫，就极有可能成为某一方面的专家。

几乎所有的专业人员都在扩大某项专长的知名度。

某个律师事务所可能擅长企业法，而另一家事务所可能专门处理离婚案。医生也分专业，一个内科专家绝不会去做外科手术。一个聪明的饭店老板会竭尽全力以一道特制菜肴——如烤牛肉使自己出名；另一个店主可能以独特的凉拌菜吸引一些常客，或许以别有风味的自酿酒引人注目。

同样，一个保险业务员可能成为从意外事故保险到养老金计划中各项保险业务的专家。房地产经纪人可能擅长不同业务，例如廉价房屋、庞大的工业区改造和经营综合购物中心。上述种种独特形象的树立，不见得非要成立一家大公司。

无疑，你经常会听到人们讲他们可以一眼认出某个建筑物是由某某建筑师建造、某某室内装饰师装饰或某某承包者承包，他的"独特风格"一望而知，而且总是与某个街区的优雅住宅融为一体。一些迎合富有顾客的行业很快就会成为上流社会的同义词，雇用他们的服务成为身份地位的象征。

对你的事业和专业而言，努力获得独特形象至关重要，但是你必须选择希望成为自己"专长"的某一专项服务和产品。请记住，你不可能拥有适用于所有人的东西，而只能选择一两项产品和服务，竭力引起人们的注意，这样有利于使人们相信，你的产品和服务是本地最好的。

所以，只要你入了行，就不可懈怠，你应尽全力将所从事行业的情况弄清楚，并成为行业领导者。如果你能这么做，那么你很快就可以超越其他人。

你的竞争者都是和你一样的年轻人，心理还不是十分稳定，有的忙于游乐，有的忙于寻找配偶，真正把心思放在工作上的不是很多，想成为专家的则更少了。他们在起跑点上的延误，正是你的好时机。几年下来，他们再也追不上来，而这也是一个人事业成败的重大关键。

那么，如何才能尽快地成为某个行业的专家呢？以下几点可以供你参考：

首先，要选定你的行业。你可以根据所学来选，如果没有机会"学以致用"，"学非所用"也没有关系。很多人取得的成就和在学校学的知识并没有太大关系。不过，与其根据所学来选，不如根据兴趣来选。只要选定了一个行业，最好不要轻易转行，因为这会让你的学习中断，减低效果。每一行都有每一行的苦和乐，因此你不必想得太多，你要做的就是：把精力放在你的工作上！

选定行业后，就要像海绵一样，拼命地吸收这一行业中的各种知识。你可以向同事、主管、前辈请教，义务加班也没关系，这是向内学习。向外学习则是指吸收各种报章、杂志的信息。此外，专业补习班、讲座、同行间的切磋也都可以参加。也就是在你的本行里，你要"全面地、全时间地"学习！

你可以把自己的学习分成几个阶段，并在一定的时间内完成，这是一种压迫式学习，可以逼迫自己向前迈进，也可以改变自己的习性，训练自己的意志。然后，你可以开始展现你学习的成果，你不必急着"功成名就"，但一段时间过后，假若你学有所成，必然会受到他人的注意。当你成为专家，你的身价必然水涨船高，而这也是你"赚大钱"的基本条件。当然，你可以不必当老板，但以"专家"的条件找到一份理想的工作还是不成问题的。

不过，成了"专家"之后，你还必须注意社会的潮流，不时自我进修，如果总在原地踏步，"专家"也会褪色的。

宁为鸡首，不为牛后

在赢家通吃的社会里，公众永远只记住每一领域中的第一名，而这第一名永远占尽各种便宜、取得最大利益。即使你只以细微差异落居第二名，你所获得的资源利益与第一名的差异，也是极为巨大的！

因此，为了争取第一名，你必须避开最多人争食的大市场，而寻找最适合个人独特专长的小区域，哪怕只是极小区域中的冠军，也比在大众市场中的第二名好。

迈克尔大学毕业后，在 Shell 石油公司找到一份令人羡慕的工作。但那时他很快意识到，像他这种年轻又没有经验的人，最好的工作可能是顾问业，所以他去费城，轻松取得了一个企业管理硕士的学位。后加入一家顶尖的美国顾问公司。上班的第一天，他领的薪水就是在 Shell 石油公司时所领的四倍。

在同年龄层的小伙子中，80％的收入集中在20％的工作上。他发现那家顶尖顾问公司里有太多比他聪明的同事，所以他转移阵地，到其他较小的美国顾问公司。比起前一家公司，这家公司成长得更快，但真正聪明的人却少了很多。不到一年时间，他就晋升为这家公司的高级主管。

珍·古道尔清楚地知道，她并没有过人的才智，但在研究野生动物方面，她有超人的毅力、浓厚的兴趣，而这正是干这一行所需要的。所以她没有去研究数学、物理，而是到非洲森林里考察黑猩猩，终于成了一个有成就的科学家。

实际上，每个人都有很多的优点和才能，这些优点便是你成功的关键。但从人才成长与成功的角度来看，一个人的时间和精力毕竟是有限的，而现代科学发展的一个突出特点，就是既高度综合又高度分化，这就决定了你只能"有所不为"才能"有所作为"。

因此，一方面，在浩瀚的知识海洋里，你要选择某一领域作为自己的努力方向，也就是做到"术业有专攻"。

另一方面，你还要耐得住寂寞，把大量时间和精力用于业务工作，尽量减少一些无谓的非专业性事务和社会活动。只有这样，才能保证自己专一而精深，不断取得成功。

Part 5

突破马太效应的怪圈

依照马太效应——强者越强、弱者越弱，那么，弱者岂不是永无翻身之日了吗？

事实并非如此，没有永远的强者，也没有永远的弱者。弱者只要有永不言败的精神，善于利用正确的方法，就可以突破马太效应的怪圈，成为强者。

屋漏偏逢连阴雨

在马太效应的作用下，处于弱势的个人、企业或国家常常会遭遇到发展困境。

一个处于人生低潮的人，他可能事事都不顺心——上司斥责他，对手欺诈他，朋友也冷落他，甚至他自己也会失去在逆境中奋起的信心。

一家经营不善的公司，不光产品有问题，销售渠道也有问题，员工也很难保持忠诚，它最终难逃倒闭的命运。

甚至一个国家也逃不出马太效应的阴影。一个落后的国家，经济萎靡，由此引发一系列的社会问题，犯罪率上升，贪污腐败横行，人民对政府的支持率下降，阿根廷就是最好的例子。

人们常说"祸不单行""屋漏偏逢连阴雨"，这些都是马太效应作用的直接后果。

究其原因，首先在于任何错误都会减少你现有的资源，正如一家公司因产品质量低下导致客户减少，这又会影响它改善产品的能力。

其次，人们在陷入麻烦时很容易因举措失当而使情况更糟。比如一个怕狗的人，在路上遇一条狂叫的恶犬而惊慌失措，这进一步招致恶犬的进攻。

还有一个重要的原因是，过去所有的失误或劣迹都会被"记录在案"，对别人而言，会降低对你的评价；对你自己而言，会降低你的自信心和自尊心。

一个负面形象一旦树立，想再改变它是很难的。

所以，在我们努力使马太效应为自己服务时，一定要小心它的负面效应，要认识到任何行为（不管它多么微小）都不是孤立的，都会造成连锁反应，一颗滚动的小石子就可能引发一场雪崩。

要记住中国两句古语："勿以恶小而为之，勿以善小而不为。"因为小的会变成大的，假如一件对你有害的事，你因其微小而不理会，也许有一天，它会变成你的大麻烦，到那时再努力去解决它可能就晚了。所以我们应该滚一个成功的雪球，而不是一个失败的雪球。

把握成功的机遇

每个人的一生中都有许多转折和变化，这些转折和变化往往改变了人一生的命运。

所谓"转折点"就是指人生中某项重大的决定改变了未来的发展。而这些决定的成败，则在于是否成功地掌握了机遇。

乔伊·吉拉德在做生意失败后，转而推销汽车，他不愿意像其他业务员那样在卖车中心等待顾客上门，喝咖啡聊天，而是不断地打电话、写信，想尽各种方法主动推销，终于成为最伟大的推销员。

机遇不会从天而降，机遇只会光临有所准备的人。主动寻找机遇，才能掌握机遇，获得成功。

掌握成功机遇的第一步：独具慧眼

成功的人似乎都有敏锐的直觉、判断力以及独到的眼光，事实上，这些都是经过长期的经验累积而来的。

机遇到处都有，但是你必须判断哪个对你最为有利、哪个成功的概率最大。

每个人的资源都是有限的，你的时间、金钱、精力都受到限制，你不可能样样都精通、样样都能做。因此你必须选择自己最感兴趣、最擅长、最内行或最有成功希望的行业去做。

发现机遇，确实要独具慧眼，把机遇转化成事业。你要知道这种机遇后面隐藏的意义——它代表一个巨大的潜在市场、竞争优势、丰富的利润或独占的事业。

掌握成功机遇的第二步：勇于冒险

成功的人都具有冒险精神。高利润往往伴随着高风险，但是冒险必须与准确的判断相配合，要能看得准，并大胆、果决地投入。

"不入虎穴，焉得虎子"，成功需要胆识，光有才智而无冒险精神是远远不够的。

不冒险的话，你将会一无所得；冒险的话，你可能会面临失败，但是却可以学到经验，只有在不断地尝试失败的过程中，你才能获得成功。

掌握成功机遇的第三步：抓住时机

时机一逝即去，不可复得。当时机来临时，你必须当机立断，不可犹豫不决。

成功需要选对时机。但是选择时机要恰到好处，如果投入太早，则市场还没成熟；如果投入太晚，则会失去机遇。

掌握成功机遇的第四步：见好就收

成功的法则是逢低买进，逢高卖出。但是一般人却是逢高还要追高，逢低还要杀低，因此一旦情势逆转，常常措手不及。

尤其面对成功，许多人往往过度扩充，而不懂得适可而止，见好就收。

的确，掌握成功的机遇，要伺机而动。好运来时要攻，坏运来时要守。何时进，何时出，把握时机对成败影响很大。

另外，你还要衡量自己的实力，注意环境的变化，选择正确的时机，不做过度的投资。不然，你虽可以风光一时，但扩充太快，未能见好就收，终究会盛极而衰。

要有永不言败的精神

一个发人深省的故事：

他5岁时就失去了父亲。

他14岁时从格林伍德学校辍学开始了流浪生涯。

他在农场干过杂活，干得很不开心。

他当过电车售票员，也很不开心。

16岁时他谎报年龄参了军，但军旅生活也不顺心。

一年的服役期满后，他去了亚拉巴马州，在那里他开了个铁匠铺，但不久就倒闭了。

随后他在南方铁路公司当上了机车司炉工。他很喜欢这份工作，他以为终于找到了属于自己的位置。

他18岁时结了婚，仅仅过了几个月时间，在得知太太怀孕的同一天，他又被解雇了。

接着有一天，当他在外面忙着找工作时，太太卖掉了他们所有的财产，逃回了娘家。

随后大萧条开始了。他没有因为老是失败而放弃，别人也是这么说的，他确实非常努力了。

他曾通过函授学习法律，但后来因生计所迫，不得不放弃。

他卖过保险，也卖过轮胎。

他经营过一条渡船，还开过一家加油站。

但这些都失败了。

有人说，认命吧，你永远也成功不了。

有一次，他躲在弗吉尼亚州若阿诺克郊外的草丛中，谋划着一次绑架行动。

他观察过那位小女孩的习惯。知道她下午什么时候会出来玩。他静静地埋伏在草丛里，思索着，他知道她会在下午两三点钟从外公的家里出来玩。

尽管他的日子过得一塌糊涂，可他从来没有过绑架这种冷酷的念头。然而此刻他却借着屋外树丛的掩护，躲在草丛中，等待着一个天真无邪、长着红头发的小姑娘进入他的攻击范围。为此他深深地痛恨自己。

可是，这一天，那位小姑娘没出来玩。

因此他还是没能突破一连串的失败。

后来，他成了考宾一家餐馆的主厨和洗瓶师。要不是那条新的公路刚好穿过那家餐馆，他会在那里取得一些成就。

接着他就到了退休的年龄。

他并不是第一个，也不会是最后一个到了晚年还无以为荣的人。

幸福鸟，或随便什么鸟，总是在不可企及的地方拍打着翅膀。

他一直安分守己——除了那次未遂的绑架，但他只是想从离家出走的太太那儿夺回自己的女儿。不过，母女俩后来回到了他身边。

时光飞逝，眼看一辈子都过去了，而他却一无所有。

要不是有一天邮递员给他送来了他的第一份社会保险支票，他还不会意识到自己已经老了。

那天，他身上的什么东西愤怒了，觉醒了，爆发了。

政府很同情他。政府说，轮到你击球时你都没打中，不用再打了，该是放弃、退休的时候了。

他们寄给他一张退休金支票，说他"老"了。

他说："呸！"

他收下了那 105 美元的支票，并用它开创了新的事业。

而今，他的事业欣欣向荣。

而他，也终于在 88 岁高龄大获成功。

这个到该结束时才开始的人就是哈伦德·山德士，肯德基的创始人。他用他的第一笔社会保险金创办的崭新事业正是肯德基家乡鸡。

你从这个故事中学到什么呢？

天无绝人之路，不管你经历多少挫折、多少磨难，只要一直努力，你就一定会创造奇迹。即使上帝关上所有的门，也还会给你留下一扇打开的窗，而你自己，一定要有永不言败的精神！

从你的失败中学习

人类有喜欢成功、畏惧失败的天性，他们绞尽脑汁地设计了许多"完美模型"想避免失败，但失败就像幽灵一样如影随形。

事实上，人们已经吃过无数次迷信"完美模型"的大亏："泰坦尼克号"曾被认为是"不可沉没"的；马奇诺防线也被称作"不可逾越"的；而在发生核泄漏之前，每个核电站也都声称自己的安全系统是"万无一失"的……

其实，在很多情况下，失败并不是什么坏事，我们要尊重它、学习它。

许多人认为成功与失败是相对的。事实上，它们是一体的两面，只要你善于学习，善于思考，失败就是你成功的前奏。

有一个年轻人刚从大学毕业，却很长时间找不到一份工作。后来，他到心理诊所咨询，发现自己的问题在于不懂得接受失败。他接受几年的学校教育，各项大小考试从未不及格过。这使他不愿意尝试任何可能招致失败的方法。他已经确信：失败是坏事，而不是产生新机遇的潜在垫脚石。

瞧瞧周围的人，有多少中级管理人员、家庭主妇、行政人员、老师和其他无数的人因为害怕失败，而不愿尝试任何新事物？

失败还有一个好用途，即能告诉我们什么时候应该转变方向。

当事情顺利时，我们通常不会想去改变方向。因为在大多数情形下，我们的反应是根据"负反馈"的原则做出的。通常我们只在事情不顺或没做好工作时，才注意到它们。

我们是从尝试和失败中学习，而不是从正确中学习。假如我们每次都做对，就不需要改变方向，我们只要继续进行目前的方向，直到结束。

例如，超级油轮卡迪兹号在法国西北部的布列塔尼沿岸爆炸后，成千上万吨的油污染了整个海面及沿岸，石油公司才对石油运输的许多安全设施重加考虑。同样地，在三里岛核反应堆发生意外后，许多核反应过程和安全设施才得以改善。

失败具有冲击性，可以引导人想出不同的事情，似乎只有多犯错，才会多进步。

事实上，人类整个发明史都充满了利用错误假设和失败观念来产生新创意的人。哥伦布以为他发现了一条到印度的捷径；开普勒偶然间得到行星间引力的概念，他是由错误的理由得到了正确的假设；爱迪生也是在知道了上万种不能做灯丝的材料之后，才找到钨丝。

某家广告公司的创意总监认为，除非有一半时间都失败，否则他不会快乐。他这样说："假如你想做个原始创意人，就需要犯很多错误。"

一家电脑公司的总裁告诉员工："我们是发明家，我们要做别人从未做的事。因此，我们将会产生许多错误。我给你们的劝告是：'可以犯错，但是要快点犯完错误。'"

一家尖端科技公司的某部门经理，询问副总工程师新产品的市场成功率。他得到的答案是"大约50%"，这位经理回答说："太高了，最好设定在30%，否则在我们的计划内，我们会因太保守而不敢放手做。"

银行业也有相同情形，如果一位贷款经理从未放过呆账，就可以确定他做事不够积极。

IBM的创始人汤玛斯·华生有类似的话："成功之路就是使失败率加倍。"

有时我们不宜犯错，但创造过程的萌芽阶段则不然，错误是你偏离正轨的警告，如果你一直很少失败，那就表示你不是很有创造力。

因此，犯错误也是有学问的，以下几条是你应当注意的：

——如果你犯了错，就把它当成获得新创意的垫脚石。

——区分"尝试犯错"和"避免犯错"的不同，后者的代价要大于前者。如果你未曾犯错，你可能应问问自己："由于太过保守，我错失了多少机会？"

——加强你的"冒险"力量，每个人都有这种能力，但必须常常运用，否则就会退化。把至少 24 小时冒一次险列为生活的重点。

——要记住失败的两种好处：第一，如果你尝试失败了，你将知道何者行不通；第二，失败给予了你尝试新方法的机会。

一定要表现自己

虽然绝大多数的年轻人都有过一段痛苦不堪的经历，但是，如果你不成功的时间过长，就可能成为众人眼中的无能者，更糟的是，你自己也会渐渐认同这种角色。

所以在公司里，你一定要善于表现自己，那些默默无闻、埋头苦干的人，往往得不到重用。一个精明的员工，不仅会做事，而且还要会"表现"自己，才有机会脱颖而出。

你要充分利用公司的会议，让上司和其他同事注意你。当然，一定要事先计划好你想说的和你要达到的目的，列出可能遇到的疑问和对策。开会时不要坐在会议室的角落里，要大声清晰地说出你的意见，善用眼神进行交流。

另外，你可以主动亮出你的成绩。有些人做一点工作就大张旗鼓让每个人知道，你也不该默默无闻。在工作评估时，每个人都想走在别人的前面。

不要期盼在工作中结交朋友，工作仅仅是完善自我的一部分。把交友这一项从工作目标中划掉。当然，如果能遇到知己是你额外的运气。

还有，你要坦然地面对变化，培养自己良好的心理素质，从日常工作和生活中锻炼自己，好的机会和坏的事情也许就发生在五分钟以后，如果你平时就有所准备，你的镇静和对策会让老板和同事刮目相看。

经验是一位老师，教导你之前先给了你考试，所以你要敢于冒险。患得患失只能令你停滞不前，成功者多数是敢于把想法变成行动的人。

你要尽量避免承担那些自己不能直接控制的工作，如果项目中的主要或是关键人员不是向你汇报，而且你并未得到足够的授权，就不必自告奋勇地站出来。同事间的相互帮助不是用这种方式表现的。你应该把有限的精力投入到那些能真正给你事业带来发展机会的工作中。

你还要养成及时汇报的习惯，这不但能让上司掌握情况，更会给他留下工作效率高、踏实可靠的良好形象，这对你将来的发展无疑是大有好处的。

找到人生最关键的事情

我们知道，工作、学习、生活都要讲究一定的方法。但是，怎样才能掌握这种事半功倍的好方法呢？

至关重要的一点是把握关键，做工作时不应要求面面俱到，应该把握下手的关键地方，尽量避免烦琐的过程。

我们应将"办事情抓关键"作为一种生活、工作和学习的习惯。具体实行时，应采取均衡、合乎自然的原则，把最重要的工作放在首位。

那么，如何让自己做到这一点呢？

拿出纸笔，开始行动，我们有以下的建议：

从现在开始，认真安排一下自己未来一段时间的生活，做个详细的计划，给自己客观地打个分数。我们将时间定为两个月。这时你最需要明白的是，最关键的事情到底是什么？想弄清这个问题就要先思考：你最看重的是什么？人生是为了什么而奋斗？你希望自己成为怎样的人？为了达到这个目标，你能付出什么？

将这些答案记下来，你会发现，这其中包含了你对自身的期望，以及 80/20 法则对人生体现出来的一种原则。你不妨将它们作为个人的信念或使命。

如果你还没有建立起自己的个人信念，那么，你可以通过下面的方法得知自己生命中最关键的事：

——你觉得最重要的事情有哪几件？

——人生中的人际关系代表着什么？

——你有怎样的长期目标？

——你能为目标做出怎样的贡献？

——重新思考你最想得到的体验是什么？

——如果你对生活失去信心，会有什么后果？

通过对一系列问题的思考，你会更深刻地体会到，"办事情抓关键"所具有的现实性不容忽视。

——如果你了解了自己想要的东西，对生活会产生怎样的期望？

——你所记录的人生意义对你来说意味着什么？它是否会影响你的时间、精力的安排？

——如果你每天都对这样的书面信念做一番检讨，那么，你以后的努力是否会受到影响？

——如果你已经清楚地意识到自己的价值观和期望，你会如何安排以后的时间？

如果你已经为自己的将来制定了这样一份表格，那么，在你还没有开始度过未来的一天之前，做一些反省吧！如果你还没有制定表格，那么请你想一想，生命中最重要的到底是什么？

仔细思考之后，你会明白，因为我们急于扮演某一角色，却可能忽略了另一个更重要的角色。如果你是个将事业进行得有声有色的、优秀的工程师，却无法做个好丈夫或好父亲，那么也就表明，虽然你善于满足别人的需求，但无法满足个人成长的需要。

其实，生活不过是各种角色无次序的组合。你并不需要在每个角色上花费同样的时间才能取得平衡，而是要抓住最关键的角色，完成最需要的事情。如果你清楚地认识到各种角色之间的关系，就会自然而然地这样做，你的生活也就随之保持一种和谐的状态。

人生的道理也是同样的，找到你人生中最关键的事情，然后去努力奋斗，你定将拥有一个成功辉煌的人生。

集中优势兵力奋起一搏

你肯定知道许多战争中以少胜多的例子。这些例子似乎是违反马太效应的,不是吗?小的一样能战胜大的。可是,如果你仔细分析一下这些战例,可能会发现:只有极少的战争是通过以劣势兵力与对方的优势兵力正面决战而获胜的,即便胜利,也往往取决于某些特殊情况,如天时、地利等因素,或对手只是一群乌合之众,或自己一方战斗力超强。

更多的情况是:劣势一方的统帅善于高效率地使用他的少数部队,他往往通过巧妙地设置假象使对手判断发生错误,分散兵力,然后各个击破。也就是说,虽然从双方总体实力对比来说,胜利一方处于劣势,但在每一场具体的战役中,却都是以优势兵力击败对方的劣势兵力,这正是中国《孙子兵法》所说的"倍则分之"。从这个意义上说,这些胜利者才是真正了解马太效应的力量并善于驾驭它的人。

当可利用资源有限时,必须学会"集中优势兵力"这一战术原则，将你的时间、精力、才能、金钱等投入到最有希望获胜的战场，确立自己在这一领域的优势地位。你的每一场胜利都会使双方的实力对比发生变化，这样不断"积小胜为大胜"，直至取得全局性优势时，"最后的决战"也就胜券在握了，因为马太效应已经完全站在你这一边。

记住：你的一切资源如果未能利用，它并不能给你换来任何东西；而未能善加利用，也不会使你轻易取胜。不要企求面面俱到，而要学会攻其一点。其实，胜利的奥秘就在于你如何运用自己的资源，并将自己的能力发挥至最佳。

培养一生受益的好习惯

有位美国作家说过："播种行为，收获习惯；播种习惯，收获性格；播种性格，收获命运。"一种好习惯可以成就人的一生，一种坏习惯也可以葬送人的一生。

试想，一个爱睡懒觉、生活懒散又没有规律的人，他怎么约束自己勤奋工作？一个不爱阅读、不关心身外世界的人，他能有怎样的胸襟和见识？一个自以为是、目中无人的人，他如何去和别人合作、沟通？一个杂乱无章、思维混乱的人，他做起事来的效率会有多高？一个不爱独立思考、人云亦云的人，他能有多大的智慧和判断能力？

习惯是成败的关键。事实上，成功者与失败者之间唯一的差别在于他们拥有不一样的习惯。

好习惯实际上是好方法——思想的方法，做事的方法。培养好习惯，即是在寻找一种成功的方法。而一个人的坏习惯越多，离成功越远。

为什么很多成功人士敢扬言即使现在一败涂地也能很快东山再起?

也许就是因为习惯的力量:他们养成的某种习惯锻造了他们的性格,而性格筑就了他们的成功。

人类所有的优点都要变成习惯才有价值,即使像"爱"这样一个永恒的主题,也必须通过不断的修炼,变成好的习惯,才能转化为真正的行动。

很多好的观念、原则,我们"知道"是一回事,但知道了是否能"做到"是另一回事。这中间必须架起一座桥,这桥便是习惯。

那么习惯的价值到底有多大呢?

美国科学家曾发现,一个习惯的养成需要21天的时间,果真如此,从效率角度分析,习惯应该是投入产出比最高的了,因为你一旦养成某个习惯,就意味着你将终身享用它带来的好处。

正如奥格·曼狄诺所说:"事实上,成功与失败的最大分野,来自不同的习惯。好习惯是开启成功的钥匙,坏习惯则是一扇向失败敞开的门。"

那么,我们又该如何去除恶习,养成好习惯呢?

一靠制度约束,二靠自己的努力和决心。在养成好习惯,去除坏习惯的初期必须靠制度的强制作用进行约束。

每个人饭前、便后洗手的好习惯不是与生俱来的,这种习惯是经过父母或他人的数次强制和纠正才得以养成;新加坡素有"花园城市"的美名,市民的自律习惯更是让人称叹,但你可知道,当时这些习惯的培养甚至动用了警察、监狱等国家机器来强制!

所以,"强制出习惯"是个不折不扣的真理!

好习惯的养成,除了靠制度的约束、教育的陶冶外,还要依靠自己的决心和勇气。

而决心和勇气何来呢?

这又不得不归结于文化了。在一个积极向上的文化氛围中,你总睡懒觉于心何忍?在一个团结合作的文化氛围中,你总自以为是、目中无人何以立足?在一个开拓创新的文化氛围中,你总唯唯诺诺、人云亦云何以发展?

所以,文化是一种更为强大的自然整合力,它超越了制度的强制力、超越了习惯的恋旧性,它强大得无须再强调或者强制,它不知不觉地影响着每个人的心理和精神,从而最终成为一种自觉的群体意识。

当然任何一种习惯的培养都不是轻而易举的,因此一定要遵循循序渐进、由浅入深、由近及远、由渐变到突变的原则。

Part 6

发现马太效应的原点

一个人要想超越马太效应走向成功，必须挖到自己的第一桶金。怎样才能做到这一点？有一句古老的犹太谚语说："积沙成塔，集腋成裘。"这句话告诉我们，对待财富最重要的就是"累积"。

积沙成塔的艺术

很多人的"资产"都是累积而来的，大富豪的钱是累积而来，大将军的战功是累积而来，大学者的学问是累积而来，大作家的著作是累积而来……谁见过"一下子"就有那么多"资产"的人（因中奖而一夕之间发大财的人是例外）？

因此，累积是由小而大、由少而多的必然过程，这一点是无可置疑的，如果你能好好运用"累积法"，经过一段时间后，必能产生意想不到的结果。

积累的过程是琐碎的，但结果却是惊人的。如以抽烟为例，你更可以了解"累积法"力量的可怕：一个有10年烟龄的老烟枪，平均一天一包烟，你算算看，10年来他抽了多少支烟？这也是累积来的。

当你下决心开始积累你的资源时，必须记住以下三点：

——不求快：因为"求快"就会造成对自己的压力，欲速则不达。

——不求多：因为"求多"会让自己无力承担，丧失累积的勇气，反而不如一点一滴慢慢累积好。

——不中断：因为一旦中断，会影响累积的效果和意志，功亏一篑。

那么，该累积什么资产呢?

首先是金钱。金钱是生活的根本，但个人一生中发财的机会只有那么几次，平常还是要靠一分一毫地赚，一分一毫地存，面对漫长的未来，你应好好累积你的金钱，能累积一千就累积一千，能累积一万就累积一万，"大富由天，小富由俭"这句话是不会错的。另外，做生意也应有这样的观念，不要嫌钱少就不赚，积少成多胜过一无所有。

其次是工作经验。人世间的天才不多，绝大多数人都要边做边学边累积经验，有了经验，便不愁找不到工作，进可创业，退可谋得一职，而经验越是丰富，身价就越高。不过你得注意一点：转换工作时要三思而行，因为就专业经验来说，改行也是累积的"中断"。

再次是朋友。朋友是做事的要件之一，朋友越多的人做事越方便，也越可能成就大事。但朋友关系不是一朝一夕建立的，因为从认识、了解到合作，必须有一段相当长的时间，因此不必急，也不能急，慢慢累积，你就会拥有丰富的人际关系。

你同样也可累积小信心为大信心，累积小胜利为大胜利……总而言之，凡是对你有利的人、事、物，你都可以用

"累积法"，使之成为你的资产。

此外，你也可以活用"累积法"来做事，不能一次成功的，分成二次、三次……持续不断地用心。超负荷的事，也可把完成的时间拉长，一点一滴地做，以减轻压力。

"累积法"并不是什么高深的方法，如果你能运用，一定可以感受到它的好处——资产一天天地多，压力一天天地少！

"钱不会长在树上。"这是一种比较有趣的消极说法，每一个人在幼小时便听过（说不定长大了之后还这么说着），这句话真正要阐述的意思是钱很难赚。因此，既然你的潜意识里相信它，你便会发现你真的赚不到钱。现在，这样想想：钱能够从任何一个你播种的地方长出来。

事实上，每天都有富贵之家走向破产，同时每天都有一文不名者白手起家。看看那些只是因为梦想而大有成就的人，你就会明白：要赚钱，脑袋比钱袋更重要。

你是那种说自己发不了财的人吗？为什么不能发财？现在每天每分钟就会出现一个百万富翁。成为百万富翁的秘诀何在？假如你花个几小时、几个礼拜，甚至几个月去观察并找出任何人成功的原因，你就会发现许多有钱人掌握了秘诀。

这些富翁也许经过了尝试与错误，流过汗、滴过泪，才在偶然的机会下发现这些秘诀。以下这些简易的课程中包括了有钱人用来变得更有钱的成功模式。现在，你便可以复制他们的成功。

节俭是致富的唯一方法

有许多年轻人经常夸耀说，他们每月可以赚很多的钱，但拿到之后总是花个精光，他们从来不愿存一分钱。染上了这种习性的年轻人到了晚年，也剩不下几个钱，他们晚年的景象必定会十分凄凉！

许多年轻人往往把本来应该用于发展事业的资本，用到时髦的嗜好或娱乐方面。如果他们能把这些不必要的花费节省下来，积少成多，一定可以为将来事业的发展奠定一个坚实的基础。

年轻人之所以一踏入社会就花钱如流水，胡乱挥霍，是因为他们从不知道金钱对于事业的价值。他们胡乱花钱的目的只是想让别人觉得自己"阔气"，或是让别人感到他们很有钱。

即使是在隆冬季节，当他们与女友约会时，也非得买些价格昂贵的鲜花或各种糖果等小玩意。他们也许不曾想到，这样费尽心机、花费钱财追来的妻子，将来也绝不会帮他们积蓄钱财，而只会花钱如流水、挥金如土。

一旦用钱把场面撑起来之后，一切烦恼苦闷就会接踵而至。为了顾全面子，他们再也不能过节俭的日子，也认识不到自己已经沦落到什么地步。一旦入不敷出，他们就开始动歪脑筋，如挪用公款、小偷小摸来弥补自己的缺口。久而久之，耗费越大、亏空越多，为了满足自己的消费欲望，他们慢慢地陷入了罪恶的深渊。到了这时，他们可能才想到自己不该胡乱花费，不该干那些违背良知的事情，可是为时已晚！

为了满足这种喜欢花架子、摆排场的恶习，不知有多少人到头来要挨饿，甚至因此丢了性命，更有无数人因此丢失了职位！有位美国社会学家说：在我们的社会中，浪费两字不知使多少人失去了快乐和幸福。

浪费的原因不外乎三种：一是对任何物品都讲究时髦，比如服饰、日用品、饮食等都想要最好的、最流行的，任何方面都想越阔越好；二是不善于自我克制，不管有用没用，想到什么就买什么。三是有了各种各样的嗜好，又缺乏戒除这些嗜好的意志。总之，他们从来不去考虑加强自身的修养，克制自己的欲望。

如果你是一个挥金如土、毫不珍惜的人，那么你的一生就可能因此而断送。不少人尽管也曾刻苦努力地挣到很多钱，但至今仍然是一穷二白，主要原因就在于他们没有养成储蓄的好习惯。

此外，挥霍无度的恶习恰恰显示出一个人没有远大的抱负、没有成功的野心。他们平时对于金钱的收支漫不经心、不以为然，从来不曾想到要积蓄金钱。想要成功，任何年轻人都要牢记一点：对于金钱的收支要养成一种有节制、有计划的良好习惯。

无论你收入多少，都要量入为出，能节省的地方就要尽量节省。任何人都可以根据自己的收入状况来决定生活支出，人们总是有办法使自己的支出少于自己的收入，一般而言，不管每月挣多少薪水都不会弄到仅够自己糊口的地步。

富兰克林曾说："致富的唯一方法是赚得多花得少。""如果你不想因有人讨债而气恼，不想受饥饿和寒冷的痛苦，那么你最好与忠、信、勤、苦四个字交朋友。

用两分努力获八分利润

在很多时候，你只用两分的努力，就可以获取八分的利润。问题在于，许多人并不知道那两分的努力是什么。

因此，首先要找出来，公司里哪一个部门创造的利润高，哪一个部门收支勉强打平，哪里是大麻烦。

通过种种比较，我们就会发现某些东西是比较重要的，而另一些东西在公司的整个赢利中所起的作用微乎其微。

把低价值变成高价值运用，才叫进步。少数的人，增加了大多数的价值。高获利的活动只是企业全部活动的一小部分。

"某些东西就是比较重要"，这句话在所有情况下都能成立。我们总觉得，多数东西看起来比较重要，而那些其实真正重要的东西则似乎可有可无。就算我们的心里接受这一点，却是"知易行难"，无法立刻转向，专注在真正应采取的行动上，但务必把"关键少数"摆在你大脑的正前方，务必时时检讨自己，是否把较多的时间和精力放在关键少数上面，而不是浪费在无用的多数上。

市场经济下的企业家，其创造力在于把原本较低产值的资源，转变成高产值的资源。然而，不管是企业家还是市场机制本身，目前都做得不够好，许多事情总是拖着一条浪费的尾巴，这条长长的尾巴，花掉了大量的资源，却只产生极小的价值。

让你的金钱流动起来

据《犹太人五千年智慧》记载，在古代的巴比伦城里，有一位名叫亚凯德的犹太富翁，因为金钱太多的缘故，所以闻名遐迩。而使他成为一位知名之士的另　原因，就是他能慷慨好施，他对慈善捐款毫不吝啬，他对家人宽大为怀，他自己用钱也很大度，可是，他每年的收入却大大超过支出。

自然地，有一些童年时代的老朋友们常来看他，他们说："亚凯德，你比我们幸运多啦。我们大伙勉强糊口的时候，你已成为巴比伦全城的第一富翁，你能穿着最精致的服装，你能享用最珍贵的食物。如果我们能让家人穿着可以见人的衣服，吃着可口的食品，我们就心满意足了。"

"然而，幼年时代的我们，大家都是平等的，我们都向同一老师求学，我们玩相同的游戏，那时无论在读书方面或在游戏方面，你都和我们一样，毫无才华出众之处。幼年时代过去以后，你还和我们一样，大家都是同等的诚实公民，然而现在，你成了亿万富翁，我们却终日不得不为了家人的温饱而四处奔走。"

"根据我们的观察结果，你做工并不比我们辛苦，你做工的忠实程度也未超过我们。那么，为什么多变的命运之神，偏偏让你享尽一切荣华富贵，却不给我们丝毫的福气呢？"

亚凯德于是规劝他们说道："童年以后，你们之所以没有得到优裕生活，是因为要么你们没有学到发财原则，要么没有实行发财原则。你们忘记了：财富好像一棵大树，它是从一粒小小的种子发育而成的。金钱就是种子，你越勤奋栽培，它就长得越快。"

钱是可以生钱的，你只有懂得了金钱的马太效应，大胆地使用你的金钱去投资，才能成为一个真正富有的人。

布拉德和克里斯是一对非常要好的同学，他们毕业后到同一家公司上班，因为他们所学的专业都是一样的，所以他们在公司里担任的职位、领取的薪水也都一样。此外，两个人都非常地节俭，因此他们每个人每年都能攒下一笔同等数额的钱。

但是，两人的理财方式完全不同。布拉德将每年攒下来的钱存入银行，而克里斯则把攒下来的钱分散地投资于股票。两人还有一个共同的特点，那就是都不太爱去管钱，钱放到银行或股市之后，两人就再也没去管过它们了。

如此这般地过了40年，克里斯成为拥有数百万美元的富翁，而布拉德却只有存折上的区区十几万。数百万美元在当今的社会中可以算得上富翁，但拥有十几万美元的人现在依然属于贫困阶层。

布拉德亲眼看着昔日的同学成为百万富翁！而自己呢？40年下来竟然连一所房子都买不起。为什么差距如此之大？仅仅只是理财方式的不同就造成了如今这种结果。

仔细观察，我们就会发现，人们总是把富人致富的原因归结为运气好、从事不正当或违法的事业、更努力地工作、克勤克俭……

但这些人绝不会想到，造成他们贫困的最主要原因是他们不懂得投资。大多数富人的财产都是以房地产、股票的方式存放，而大多数穷人的财产却是存在银行里，他们认为那才是最保险的。

你的投资决定了你的收入。认识到这一点之后，我们应及早地进行投资，找到自己的摇钱树。在你小的时候，你种下一颗树的种子，它就会跟你一样逐渐成长。其实，在理财方面也是如此。

一般来说，你每用钱进行一次正确的投资，你就在助长你的现金流，一段时间之后，它还会带着更多的金钱回来。乔·史派勒曾经写过这样一本书，叫《动手来种钱》。他在书中提到一个只剩下1美分的人，这个人正开始用仅有的1美分进行投资，他先将钱兑换成了铜币，他心里告诉自己每次花掉的钱，他都要以10倍或更多倍的数量使它们再回到自己手上。

这个人最后依靠这种方法获得了更多的财富，最终使自己成为了一个富翁。

如果你能让你的金钱流动起来，那它就是你的摇钱树！

金钱就是你可以用最适合携带的形式来消化的个人能源，这种能源独一无二。你可以将它送到遥远的地方，去协助一个你信赖的项目，同时你可以待在家里做你最喜欢的事。

或者可以这么说，金钱是一种可即刻伸缩的能源，你只要加进一点爱和智慧，并将它送到它应该去的地方，它就能为你带来更多的财富，就如同传说中的摇钱树一样。

当然，也有些人担心把金钱送出去之后，它们不能安全回来，于是他们将自己的钱储存起来。可是，这样做除了阻碍金钱的流动之外，还能给自己带来什么好处呢？你将永远无法享受金钱带来金钱的快乐。

巴比伦富翁的秘密

美国学者克莱松的《巴比伦富翁的秘密》一书，把我们带到 6000 年前的古巴比伦。这座城市曾以它的富甲天下而闻名于世，直至今日它仍是财富、奢华的象征。

巴比伦并不拥有得天独厚的天然资源——它处于干旱地带，既无森林又无矿产，它完全由人力缔造而成，它的全部财富都是人定胜天的结果。

的确，巴比伦最宝贵的资源是人。巴比伦人了解金钱的价值，他们发挥了个人的潜力，利用一些简单而有效的致富原则获得财富，并建成了世界上最伟大的城市。虽然现在这座城市已经消失了，然而他们卓越的智慧和致富的秘诀却长留后世，使人受益无穷。

在这本书中，作者通过巴比伦第一富翁之口，向人们阐述了七大发财秘诀。

第一秘诀：当你的钱袋里有 10 块钱时，最多只能花掉 9 块钱。

第二秘诀：一切花费都须有预算，人们应当把钱花在正当的事物上面。

第三秘诀：使每一块钱都替你挣钱，让金钱源源不断流入你的钱袋。

第四秘诀：投资一定要安全可靠，这样才不会丧失财富。

第五秘诀：拥有自己的住宅。正如巴比伦国王用雄伟的城墙围绕城市，有坚定发财意志的人一定有能力建立自己的家园。

第六秘诀：为了防老和养家，应该尽早准备必需的金钱。

第七秘诀：培养自己的力量，从学习中获得更多的智慧，这样就会有自信去实现自己的愿望。

巴比伦的七大秘诀告诉了我们什么呢？让我们来看看它的含义吧！

这七大秘诀的实质是教人们怎样和金钱打交道：如何赚钱，如何存钱，如何花钱。

第一秘诀可称为"十分之一"储蓄法，其思想就是：不要让支出大于收入。花掉的钱只能换来衣食，而存下的钱却可以生出更多的钱。

第二秘诀教人们如何花钱，不要把支出和各种欲望搅在一起。预算使你有钱购买必需品，使你有钱得到应得的享受，也使你不至于在对欲望的无限追求中弄得入不敷出。

第三、第四秘诀是教人们投资，以及怎样投资。应该注意的是，在投资之前必须认识到其风险性——为求高利而冒险投机是不可取的。

第五秘诀强调的是产业和财富对人的成功有着巨大的积极意义。中国古语说："无恒产则无恒心。"当人们拥有自己的家园和产业时，才会因自豪而珍惜，才会更有信心，更加努力。

第六秘诀的实质是为将来投资。在古代，通常的方式是把钱财埋藏起来，时至今日，我们已经有了更好的选择：投资于多种保险事业。

第七秘诀与前面六条不同，它讨论的主题不是金钱，而是金钱的主人。不是每个人都能赚到钱的，要做到这一点，你必须有强烈的信念和欲望，必须不断充实自己，必须不断进步。

拿破仑·希尔在《思考致富》一书中说道："大多数人之所以失败，就是因为他们不会持之以恒地想办法来克服失败。"假如你的第一个办法不能奏效，就再换一个；假如这个还是不行，就再换一个，直到你找到有效的办法为止。

超级百万富翁麦可·塔德说："我常常会破产，但从未尝过贫困的滋味。"记住，"贫困"和"穷苦"只是一种心理状态。恐惧和不安会使你的潜意识被"贫苦"吞噬掉，你应该把失败的恐惧抛之脑后。

只有迟来的成功，无所谓真正的失败。短暂的失败表象并不代表什么，只要你能继续下去。你可能听过无数次这种话，但现在是实践的时候了：半途而废者从来没有赢过，一个赢家也绝不会半途而废。

在任何一项投资中你都可能输掉钱财，不必为此感到恐惧，这也许正是你在玩金钱游戏时可以抓住的机会。如果你能在每次失败中学到一些东西，便可以反败为胜。多数人一辈子都在犯同样的错误，这样的人是注定要失败的。只有把每一次的错误、失败都当成宝贵的经验，并且不再重蹈覆辙，那么你的每笔投资都会有所收益。

时间也能增值

有人或许会觉得奇怪，时间也能增值？因为每个人的时间都是一样的，每天都是 24 小时，不会多也不会少，你花费时间做这件事，就一定无法再用于做其他事，时间是不会越用越多的。

这当然没错，可是你仔细观察一下身边的人，是谁老是抱怨"时间不够用"？哪些又是做事最多的人呢？

正相反，整天埋怨时间不够用的人恰恰是那些做事最少的人，这是怎么回事？

问题在于不同的时间利用率，时间利用率高的人，可以节省下很多时间，这正相当于实现了时间的增值。

一位闲来无事的老太太为了给远方的外甥女寄张明信片，足足花上一整天的工夫。找明信片要一个钟头，寻眼镜又一个钟头，查地址半个钟头，做文章一个钟头零一刻钟，然后，送往邻街的邮筒去投邮，究竟要不要带把雨伞出门，这一考虑又去掉了二十分钟。照这样，一个忙人总共三分钟里可以办完的事，在另一个人却要犹豫焦虑和操劳整整一天，最后还不免累得半死。

一个做事迅捷、工作效率高的人，即使同时应对几件事也能愉快胜任；而一个行动迟缓、推三阻四的人，也许一天下来连一件事也做不成。两人的区别在哪儿？就在于前者已经养成了习惯，而且掌握了做事最简捷的方法。而后者，只是学会了拖延，他的事情总是完不成，所以时间也总是不够用。

下面是一些提高时间利用率的建议：

1. 列出你要做的事情，它也是你一天工作的目标。

2. 并非所有的事情都是同等重要的，你首先要确保最重要的事情在计划内完成。

3. 给每一件事确定紧急程度，如果是无关紧要的事情又不是很急，你就可以暂时放一放。

4. 遵循80/20法则，大多数人的重要工作是在他20％的时间内完成的。人们很容易陷入日常事务中，那些有效利用时间的人，总是确保最关键的20％的活动得到优先照顾。

5. 了解你的生产率周期，每个人都有自己的日生产率周期，有些人在上午工作效率高，有些人是在晚上和午后工作效率高。凡是了解自己的生产率周期并能合理安排工作日程的人，可以显著地提高生产效率。他们在生产率周期最高的时候处理最重要的事情，而把例行的和不重要的事情放到效率低的时候处理。

6.把不太重要的事情集中起来办，每天留出一部分时间来打电话，处理未办完的事情以及其他零碎的事情。

7.避免将整块的时间拆散，只要可能，就应该留出一天工作中效率最高的一部分时间作为整块的可自己支配的时间。

Part 7

改变马太效应的规则

在赢家通吃的社会，输家并不会坐以待毙，他有一个反败为胜的最重要的撒手锏——改变游戏规则或游戏场所。游戏规则和场所一旦改变，输家也可能咸鱼翻身。

赢家制定规则

社会学家罗伯特·法兰克教授在《赢家通吃的社会》一书中，对马太效应揭示的现象进行了深入的研究。他认为，在赢家通吃的社会，游戏的规则往往都是赢家所制定的。

赢家可以借助自身的优势，成为竞争规则的制定者。一种规则形成以后，会形成某种在现存体制中的既得利益集团。如果旧规则对他们有利，他们会力求巩固现有规则，阻碍选择新的规则；如果新规则对他们有利，他们会竭力去推动新规则的广泛应用。

对企业来说，马太效应在技术规则与标准规格方面的表现最为明显。

市场的赢家可以通过制定技术规则和标准规则轻易地垄断市场，实现赢家通吃。因此，谁能建立标准规格或者跟对赢家的规格，谁就是马太效应的获利者。

现代企业之间的竞争，主要在于"规格之战"。微软在个人电脑操作系统的垄断地位，使得微软在个人电脑软件的应用程序与规格上，占有独享的优势，导致其他的软件公司都只能惟微软马首是瞻，这就是马太效应的最好说明。

有很多软件开发商声称自己的产品在性能上超过了微软的产品，这也许是真的（至少在某些领域和某些环节是这样），但人们还是普遍采用微软产品。

其原因是什么呢？

首先是微软的信誉度。从 DOS 到 Windows 系统，微软一直掌控着个人电脑操作系统大约 90% 以上的市场份额，这为它积累了巨大的信誉。

其次，用微软产品，要比用其他产品有更好的兼容性。微软产品自身的强大功能固然是一个原因，但更重要的原因是：绝大多数硬件、软件开发商都不会另搞一套与微软"不兼容"的产品或系统，因为那无异于自掘坟墓。换句话说，微软可以不必考虑与别人兼容，但别人一定得考虑和微软兼容。而影响力不大的产品，即使性能再优秀，也享受不到这种待遇。

网络时代的增值规律是规模越大，用户越多，产品越具有标准性，所带来的商业机会就越多，收益呈加速增长的趋势。

因此，标准化、规模化意味着社会成本的降低、经济效益的提高，这是网络时代中所有厂商追求的目标。电子信息业因为行业较新，许多产品规格尚未标准化。谁能建立标准规格或者跟对赢家的规格，谁就能实现赢家通吃。所以，现在厂商之间的竞争，绝大部分是"规格之战"。

在市场上，如果一个企业有能力将自己的产品标准化，并成为市场的主流产品时，该产品的价值就越高。市场上主流产品的使用价值已大大超过它的物质表现，在许多方面是生产这种产品的人想不到的。这样，即使价格再高也有人愿意买。

在这里，价高少买、价低多买的需求规律对信息产品似乎不起作用了。网络时代中的新需求规律是：使用者越多，出价就越高，或者说是"边际收益递增"。

对于所有依赖高科技、新技术为核心竞争力的企业来说，首先发展的技术可以凭借其领先优势实现规模经营，降低单位成本，诱使同行采用相同的技术，从而产生协调效应。技术在行业中的流行就会促使人们相信它会进一步流行，这样就实现了自我增强机制的良性循环，从而战胜竞争对手。

如果新技术由于某种原因较晚进入市场，就不会获得足够的追随者，没有足够的追随者就不能收回技术开发成本，从而不能进一步开发新技术，由此陷入恶性循环。

规则是一把利剑

正如巨大的恐龙在天灾中灭绝，而弱小的哺乳类却逃过了劫难一样，时局的巨变往往是打破"强者恒强"规则的最佳机会。

想想看，30 年前微软公司还不存在，而今天它已经成了主宰未来的几股重要力量之一。如果没有计算机技术的飞速发展，这种事只有在《天方夜谭》里才会出现。

这里需要注意：有时大公司会因这样或那样的原因而跌倒，但马太效应却总是有效的，在这个竞争激烈的世界上，要想取胜甚至仅仅是生存下去，你就必须抓住机遇使自己尽可能地强大。

在技术时代，标准或规则是一把利剑。而今，无数的公司和个人都在申请专利，都希望自己能成为某项技术的特殊持有者。

如果你能够在某个领域创造出自己的标准或规则，并能让自己的规则成为大家的规则，那么你就成为绝对的赢家！

不要一条道走到黑

作为一个经营者，你肯定有这样一种想法：虽然经营上遇到了许多困难，但只要再坚持一下，成功往往就会到来。

对于很多人来说，或许还抱着这样一种观念：每一个成功的企业，在开始的时候几乎都出现过困难，渡过难关之后就是康庄大道；若在黎明前一刻的紧要关头放弃，就再也没有第二次机会了。

这些想法并没有错，但问题在于，如果你所选择的经营项目本身就存在难以克服的问题，或者你选择的道路本身就是错误的，那么坚持下去就没有任何意义了。

因此，该不该坚持下去，取决于你最初的选择是否正确。如果最初的选择有问题，你就应该及时改换门庭，另选经营项目，不要一条道走到黑。若是一味死撑下去，你很快就会陷入破产的困境。

对于个人来说也是如此。

一般人之所以没有成长，很大原因在于其自身所具备的潜力并没有发挥出来。之所以会发生这种情况，最主要的原因就是工作与性情不合。

　　每个人的能力多寡，多少会有些差异，这一点确实无可否认，但能力的发挥却在很大程度上受到环境的影响。

　　所以，你不应该抹杀自己的个性，而应该让自己的能力得到全然的发挥。人会因为机遇而绽放耀眼的光芒，所以越早找到适合自己性情的工作，就能越早获得成功。

　　从事适合自己的工作不仅在工作时能心情愉快，还会对工作乐此不疲，创意与精力源源不断，同时也能从每日的工作中发现自己的进步。

　　你应该去了解自己到底适合什么样的工作。倘若你已经做到这一点，就可以善用自己的天分来采取积极行动，要知道光是被动等待永远也不会改变现状的。

该不该做一颗“滚石”

日本有句谚语叫作“滚石不生苔”，美语中也有类似的说法。但对这句话的解释，美日之间有很大的差异。在日本，所谓的“滚石不生苔”是指如果不在一个地方稳定下来而一直四处打转的话，就不会得到现实的收获，这里的苔指的是经验、资产、技巧、信用等等。

但美语中这句话的意思却完全相反，它是指只有一直转动的石头才不会黏附青苔，这里的苔指的是僵化的思想和行为模式。对于有能力又一直创新进取的人而言，保持现状就意味着发霉。

由此可见，美日之间对于换工作的看法，差异竟是如此之大。这既反映出东西方特有的文化差异，也反映了人们面对换工作的矛盾心理。

人们的第一份工作并不一定是最理想的，也不一定是最合适的。特别是刚走上社会开始工作时，人们都还年轻，对自身、对社会缺乏深刻的了解，这时的选择很可能并不准确，况且也没有那么多理想的工作供你选择。

大多数人对自己的工作都有一些厌倦，但真正跳槽的人并不多，为什么？就是因为很多人发现换工作并不那么容易。正如日式谚语的解释所说的，一个人离开原来的工作，从事新工作，他的损失是相当大的，他多年来所积累的资历、职位、经验和人际关系网络等等都可能失去，也就是说，过去花费在这份工作上的所有成本都可能变得完全没用了。另外，人都是有行为定式和心理惰性的，到了一定的年龄，经验也许增长了一些，但锐气却消磨了不少，这也是一种资源的损失，也能使很多人缺乏面对新挑战的勇气和决心。

这里我们被迫面对一个马太效应设下的两难陷阱：

——为了使我们的成功资源更具有成长性，需要换工作；

——为了使我们的成功资源不被削减，不要换工作。

面对这一两难局面，该如何选择呢？

中国有句古语说："三思而后行。"面对任何问题，都应该客观冷静地进行评估，权衡利弊，然后做出判断。

这一局面的焦点是资源的成长性和资源的消耗之间的矛盾。在决定是否换工作之前，你要问自己几个问题：

1. 我的本行发展空间是否有限？是否已经没有多少资源增长的空间？

2. 我是否真的喜欢（或不喜欢）我的工作？兴趣是最好的老师，如果一个人长期从事他所厌倦的工作，不但难以从中得到乐趣，也难以取得大的成就。

3. 对新工作，我是否真的了解？能否确定它所实现的资源增长大大超过旧工作？

4. 我和家人的生活是否能够承担这一转换造成的影响？

如果一个人觉得自己的工作没有意义、不值得去做，往往会保持冷嘲热讽，敷衍了事的态度。这不仅使得他成功的概率很小，就算成功，他也不会觉得有多大的成就感。

找好自己的定位

如果你发现自己身陷一个前景暗淡的处境时，你就应该对自己、对工作进行重新定位。你是个什么样的人？你在生活中的位置是什么？你能用一个概念来概括你自己的位置吗？

要是能的话，你能通过自己的职业来确立这个位置并加以利用吗？

一位经常跳槽、最后一无所成的博士曾这样感叹："如果能以对待孩子的耐心来对待工作，以对待婚姻的慎重来选择去留，我的事业绝对会是另外一番景象！"

世界上没有全能的奇才，你充其量只能在一两个方面取得成功。在这个竞争激烈的时代，你只能聚集全身的能量，朝着最适合你的方向，专注地投入，才能成就一番事业。

为了进行准确的定位，找准最佳的结合点，心理学家帮我们找到了很多的测试工具。一些知名企业在招聘员工时，也要对求职者做一番个性测试。因为人们知道，必须把不同个性的人放在最合适的岗位，才能发挥出最大的潜能。

比如一个喜新厌旧的人，对于一个保守的企业而言，可能是经常批评公司及主管的叛逆分子，令人头痛不已。但如果他去从事创意方面的工作，可能会大受欢迎，因为他总能提出新的想法。

人生忌恋战，有些事，大局既已无望，就应该迅速放弃，另谋出路，不应该空耗自己的一生。一个人想干什么和能干什么是两码事，必须在能干的范围内选择想干的事。

你若在某个圈子长期出不了成绩，不如改行做更适合自己的工作。抛弃虚荣心，哪怕降低一个档次，只要能发挥自己的特长，就能干出更大的成就，找到自己的人生价值。

中国有句成语叫"熟能生巧"，才能（或者天赋）更是这样，你的才能只有不断应用，它才会更为精熟。

美术大师不停地作画，音乐大师每天花费几个小时甚至十几个小时练习，都是为了使自己的才能更加出色。不仅艺术家是这样，环顾我们的周围，那些工作效率最高、工作质量最好的人，都是在不断努力中使自己的才能得以充分的发挥。因为才能不是僵化的东西，它是在磨炼中成长的，只有在实践中我们才会发现自己才能的不足之处，而克服困难的过程自然也提高了我们的才能。

才能增值有一个不为人知的诀窍：把自己的优点发挥到极致，直至成为某个领域内的冠军。

泰戈·伍兹在高尔夫球场上战无不胜，但他曾经有个致命的缺点，就是在沙地比赛时表现不佳。他为了克服这个缺点，拼命地练习，想要扭转乾坤。只是缺点如同性格，难以全盘改善，所谓江山易改、本性难移。

后来伍兹和教练决定改变策略，将以往密集的沙地练习，改成普通次数的练习，不要让这个致命伤太过离谱即可。并将原来练习致命伤的时间，挪来练习优势，结果他的打球优点更加突显、更加神猛，比赛时更是战无不克。

苏克在某意大利餐厅学艺时，什么都做不好：烤虾虾焦了，煮面面糊了，唯独做提拉米苏的功力还算不错，总能将起司及巧克力的香气调得层次分明，口感营造得滑润独特。就是因为这项优点，主厨才勉强继续留住他。但时日一久，苏克还是做着切菜的工作，因为就算他的甜点做得再棒，也不能让他炒面啊！眼看每次美食杂志的CHEF照片都不是他，他就越想越不爽。

有一天，他在电视冠军节目上，看见有个日本师傅用心创造甜点的神情，他感动得哭了。于是他恍然觉悟：为什么我一直执着于自己的缺点呢？我应该朝着我最擅长的地方前进啊！

苏克辞去了意大利餐厅的工作，到一家欧式的面包屋当学徒。他对甜点的敏锐果然得到发挥，表现得比在意大利餐厅好数十倍，苏克就这样做了甜点师傅，还开了一间自己的甜点屋。

人的潜能是无限的

虽然马太效应使未成功者举步维艰，但他们如果能把自己的潜能全都激发出来，一样可以有所作为。

柏拉图曾指出："人类具有天生的智慧，人类可以掌握的知识是无限的。"人类大约有90%～95%的潜能都没有得到很好的利用和开发，我们每个人都有巨大的潜能等待发掘。

所谓"潜能"通常是指一个人身体、心智等方面存在的发展可能性。根据人的生长规律，由于在生命成长的各个阶段以及遗传基因的不同，每个人都具有各种潜能。潜能开发的本质是把你天生的潜能循循诱导出来，激活你已拥有的知识和掌握新知识的能力。

人的潜能是十分巨大的，我们能做的比我们想到的要多得多。所以在自我发展方面，"你想什么，什么就是你！"加拿大病态心理学家汉斯·塞耶尔在《梦中的发现》一书里，做出一个十分惊人也极其迷人的估计：人的大脑所包容的智力的能量，犹如原子核的物理能量一样巨大。从理论上说，人的创造潜力是无限的、不可穷尽的。

被尊为"控制论之父"的维纳认为：每一个人，即使是做出了辉煌成就的人，在他的一生中所利用的大脑潜能，也还不到百亿分之一。他还认为：人脑原则上能储存大量的信息，每个人的大脑，能记忆世界上最大图书馆储存的全部信息。

因此，人的自我完善与道德超越是永远没有极限的，做事没有终结，好事越多越好，贡献越大越好。

有人不禁要问，那么我们又该如何释放自己的潜能呢？

要释放人的潜能，就需要进行潜能激发，让人进入能量激活状态。如果一个组织中所有成员的能量都处于激活状态，那么它可以带来核聚变效应。

潜能激发的前提是相信所有人都具有巨大的潜能，而且这些潜能还没有被释放出来。虽然人们可以通过自我激励来开发潜能，但更为可靠、更为适用的方法却是通过外因的激发带来能量的释放。因为自我激励需要坚强的意志力，而外因的激活则是人的一种本能的反应，而且它的激发本身带有一种竞技游戏的效果。

发现自己独特的天赋

一般来说，人们更倾向于喜欢自己有独特天赋的事业，做自己有天赋的事情会让你有充足的激情去获得成功。

卡斯帕罗夫 15 岁获得国际象棋的世界冠军，光用刻苦和方法对头很难解释这一点。大多数人在某些特定的方面都有着特殊的天赋和良好的素质，即使是看起来很笨的人，在某些特定的方面也可能有杰出的才能。

凡·高各方面都很平庸，但在绘画方面却是个天才；爱因斯坦当不了一个好学生，却可以提出相对论；柯南·道尔作为医生并不出名，写小说却名扬天下……

每个人都有自己的特长和天赋，从事与自己特长相关的工作，就能很轻易地取得成功，否则，多少会埋没自己。

对一个企业来说，则要很好地分析员工的性格特性，合理地分配工作。

对有一定风险和难度的工作，最好能让成就欲较强的员工单独或牵头来完成；依附欲较强的职工，应让他参加到团体工作中去；而权力欲较强的职工，则可以让其担任与之能力相适应的主管。

同时，如果能加强员工对企业目标的认同，使之认识到工作的重要意义，就能更好地激发他们工作的激情。

遗传学家的研究成果表明：人的正常的、中等的智力由一对基因所决定；另外还有5对次要的修饰基因，它们决定着人的特殊天赋，有降低智力或升高智力的作用。

一般来说，人的这5对次要基因总有一两对是"好"的。也就是说，一般人在某些特定的方面可能有良好的天赋与素质。

所以，不要埋怨现实的环境，不要坐等机会。每一个人都应该根据自己的特长来设计自己，根据自己的条件、才能、素质和兴趣来确定进攻方向。

人们不仅要善于观察世界，也要善于观察自己。

汤姆逊由于"那双笨拙的手"，在处理实验工具方面感到非常烦恼。后来他偏向于理论物理的研究，较少涉及实验物理，并且找了一位在实验物理方面有着特殊能力的助手，从而避开了自己的弱项，发挥了自己的特长。

阿西莫夫是一个科普作家的同时也是一个自然科学家。一天上午，他在打字机前打字的时候，突然意识到："我不能成为一个第一流的科学家，却能够成为一个第一流的科普作家。"于是，他几乎把全部的精力放在科普创作上，终于成了当代世界最著名的科普作家。

伦琴原来学的是工程科学，在老师孔特的影响下，他做了一些有趣的物理实验。这些试验使他逐渐体会到，物理才是最适合自己的事业，后来他果然成了一名卓有成就的物理学家。

变幻无常的世界

马太效应虽然使贫者愈贫、弱者愈弱，但是贫者和弱者并不会永沉海底，他们也有翻身的机会。

常言道"世事变幻无常"，对于现今的世界来说，这绝对是至理名言。

这种变幻不明的气氛对于许多未成功的个人和公司来说，是他们超越马太效应的唯一机会，也是他们成功的契机。

在这一变幻不定的年头，很多机构都已感到其巨大的影响。企业应该如何应付？降低成本，减少开支，然后希望经济信心慢慢恢复，这是一种解决方法。另一个方法是"振作前进"，在波涛汹涌的海面上快速控制和驾驶业务之船。

以前用以制定策略的方法，是基于这样一种假设——如果使用正确的分析工具，领导层可以准确地预测业务的未来发展，从而选择一个清晰的策略性发展方向。

那么，面对这个变幻无常的世界，我们应该遵循哪些原则，以使自己立于不败之地呢？

——正面的思想

不稳定时代需要坚定的手及不动摇的头脑，反面思想只会制造恐慌，而正面的思想对于一个正面的行动非常重要。我们应把每天的挑战视为新的机遇，不能视为让人气馁的负担。

——加强对本身业务的认识

对一个大企业内发生的每一件事了如指掌是一件困难的事，但科技可以帮你对业务加深了解。现在你可以在世界任何一个角落实时存取有关利润、应收账、库存流通以及其他资料；领导层可以依据当时业务的情况，而不是几个星期以前的资料做出决定。通过电邮或短信形式发送自动生成的信息，企业的问题也可以被及时发现。

你可以通过分析相关资料，鉴定企业整体的效率。试想一下这个情景，一个身处亚太区的财务总监正在研究他的专业服务运作，他审阅了区域报告，然后问："为什么当我的新加坡办事处有懂说普通话的员工可用时，我的香港办事处竟把一些服务推给了在中国大陆的第三者？"缺乏一个中央系统，企业不但会损失巨大的储蓄，还要承受不必要的负担。

通过使用一个跨企业、以适当科技解决方案为后盾的方法，企业可以做出更快、更好的决定，同时改善工作环境及授权员工，这样可令企业拥有更长远的成本效益。

——更佳的成本／现金控制

翔实的业务资料是一个财务总监的第一武器。但是，这个方法要求企业花钱，并采用一个较长远的策略以控制成本。假若能认清及安装适合的系统，企业便可以得到及时的投资回报。

科技现在可从不同的途径协助企业控制成本：

通过有效地记录时间及开支，简化行政工作，公司可减少开出发票所需时间及增强现金收集。

财务部门如能加快制作业绩报表，管理层便能更快地做出反应。举例说，如果每月的账目需时两星期完成，管理层在下一个月的账目完成前便没有足够时间做出相应的行动。使用实时的智能财务软件，用户只需几天的时间便可制作并分析账目。

科技可帮助公司做准确的项目利润分析，公司因而可专注于最赚钱的契约(财务及管理)及从以前的错误中学习。它可以更紧密地管理资源，因此经理可更有效地运用员工资源。

它可以改善接触及沟通，从而增加客户及潜在客户对服务的满足感。从而公司可以找到潜在客户及保留现有客户。

它可监视库存水平，及时识别销售不佳的产品线，令资金不至于长时间被捆绑着。

对那些真正改善其成本控制的公司，报酬是多方面的。它可令一个机构更精简、更健康，而最终加强业务。它释放现金流，因此公司可从一个较低的成本基础现实地计划将来。这令公司更富弹性的同时亦可增强员工的信心。对变化的一个有效解药是加强控制。每一个区域所受的影响都不同，因此做深入研究，以对本地情况获得深入的了解是重要的，并有助加强控制。采取这种方法不但能减轻变化的影响，更能巩固业务及加强股东信心。

如果企业能聪明地投资于合适的、低风险的、低成本的科技资讯解决方案，便可获得所需知识去把握控制、降低恐慌及把一点安全感带回这个变化无常的世界。

哈姆雷特说：生还是死，这是个问题。同样，在企业界，也有一个时刻困扰着经营者的问题，那就是变还是不变。

纵观几百年来的企业风云史，可以看到太多因为变革而获新生的公司，也同样有太多因为变化而加速灭亡的先例。

在一个新技术革命带来极速变化的时代，可以肯定的是：为公司经营提供土壤的环境，每时每刻都在悄悄地发生着变化，你本来以为可以终生托付取之不尽的奶酪，一觉醒来就会发现已经消失得无影无踪。那么，作为企业经营还有什么需要固守的吗？又有哪些是应该因时而变，而哪些又是应该大力夯实的呢？

基业长青的公司的选择是保存核心的同时刺激进步，并且把两者在一个公司中很好地结合起来，和平共处，彼此互相协助、补足和强化。

核心理念提供一贯的基础，使高瞻远瞩的公司可以据以演进、试验和改变，从而得到进步。

追求进步的驱动力就是强化核心理念，因为如果没有持续不断的变化和前进，坚持这种核心理念的公司在变化无常的世界上便会落伍，不再强大，甚至不能生存。

没有永远的赢家

一个企业能否生存、能否获利，取决于它们能否创新、变革。作为投资者而言，能否成功，也取决于能否创新。在变化无常的世界里，我们的思想一定要跟得上这世界的变化。

世界经济发展的两大特征是全球化和网络化，全球化和网络化带来的最直接的影响应是全球市场、全球产品、全球顾客以及全球性的商业运作体系，随之而来的是全球性的投资理念。

工业时代已经结束，信息时代正达到其顶峰时期。这一事实表明，拉动经济增长和获取极大附加值的行业已经从工业转到了信息行业。而信息行业中，网络行业又担当着急先锋的角色。从产品生命周期来看，一个产品获益最多的时候是其成熟期，利润增长最快的时候是成长期，目前，网络行业就处于成长期，它大量获利的时代还没有到来，因而最受股市追捧。

人们多次提及 21 世纪是生物的时代，这一点也没错，信息时代之后就是生物时代，就像工业时代的机器极大地提高了农业时代生产效率，信息时代的计算机、软件、网络技术极大地提高了工业时代的生产效率一样，生物时代的新材料、基因工程等技术将在更高、更大的程度上提高我们在信息时代的生产效率。生物时代目前可能还处于初创期，现在介入可能还需忍耐寂寞。

　　工业时代和信息时代的商业规则有很大的区别。工业时代，我们关心企业的产品、生产线、生产规模、原料这些因素。信息时代，我们更关注企业的人力资源。工业时代的利润由机器创造，信息时代的利润由人创造。

　　这世界变化快，产品生命周期缩短，顾客口味频繁改变，技术更新快，企业靠一项技术、一个产品打天下的时代已经一去不复返了。只有能不断创新的企业才能生存。企业资产负债表上巨额数字的固定资产、存货等可能在一夜之间变得一文不值，全部报废。唯一有永恒价值的是人，以及那些具有创造能力的头脑。

　　所以，市场追捧那些能不断发生变化的企业。我们可以从几个方面考察这种企业：考察他们的企业文化，是否是一种能有效创新的文化；考察他们的管理层，是否有思维敏捷，勇于创新的领导层；考察他们的管理与组织体系，是否有利于创新；考察他们是否真正做到以人为本。

　　如果考察的结果是"Yes"，那么，他们目前生产什么可能并不重要，重要的是他们具备生存和创造巨额利润的前提条件或基础。反之，如果答案是"No"，那么，不管这家企业当前是如何的辉煌，它也即将步入衰退甚至失败。

信息时代的许多游戏规则是工业时代无法理喻和想象的。例如，现在免费的东西越来越多，免费PC、免费的E－mail服务、免费的信息，甚至有人预言将来一切工业制成品都是免费的。

可以预料，信息时代还有许多类似的现象。在新旧时代更替的时候，理念的冲突是剧烈的，这时候，特别需要舍弃传统理念的勇气。一切守旧和折中的行为都将在新时代里导致失败，果断、彻底地接受新理念是成功的基本前提。

在新时代里，许多企业传统的优势将不复存在。举个例子来说，网上销售的兴起和社会配送体系的建立可能使目前拥有健全销售网络优势的企业不再保有这种优势。再例如，手机现在是直接面向用户销售的，将来也许手机是移动电话经营商免费向用户提供的，这样，手机的销售市场可能有相当部分集中在移动电话经营商那里。

同时，不要让你赚得的任何一分钱从你的手中轻易地流走。"经营事业的资本有赖于往日的积蓄，举债创业对谁来说都是一件比较危险的事情。

马太效应也告诉我们，钱要靠钱来滚。因此，到手的钱一定要珍惜，要让它们为你带来更多的钱，而不是任意挥霍。一个人若想获得财富，首先要善于克制自己的欲望。

通常，人们习惯于把吝啬看成节俭的孪生兄弟，这其实是一个很大的错误。实际上，节俭的真正含义是：当用则用，当省则省。也就是说，花费要恰到好处。但吝啬的含义却不同，它是指当用的不用，不当省的也要省。

英国著名文学家罗斯金说："通常人们认为，节俭这两个字的含义应该是'省钱的方法'；其实不对，节俭应该解释为'用钱的方法'。也就是说，我们应该怎样去购置必要的家具；怎样把钱花在最恰当的用途上；怎样安排在衣、食、住、行，以及生育和娱乐等方面的花费。总而言之，我们应该把钱用得最为恰当、最为有效，这才是真正的节俭。"

托马斯·利普顿爵士说："有许多人来向我请教成功的诀窍，我告诉他们，最重要的就是节俭。成功者大都有储蓄的好习惯。任何好朋友对他的援助、鼓励，都比不上一个薄薄的小存折。唯有储蓄，才是一个人成功的基础，才具有使人自立的力量。储蓄能够使一个年轻人站稳脚跟，能使他鼓起巨大的勇气，振作全部的精神，拿出全部的力量，来达到成功的目标。如果每个年轻人都有储蓄的习惯，世界上真不知要少多少个伤天害理的人。"

巨富约翰·阿斯特在晚年说，如今他赚10万元并不比以前赚1000元难。但是，如果没有当初的那1000元，也许他早已饿死在贫民窟里了。许多人只因为用钱没有计划性，大量的钱财就在不知不觉中无谓地流走了。

有许多年轻人习惯于把所有的钱财都带在身边，这往往造成了他们随时随地胡乱挥霍，毫无节制。钱存到银行以后，用起来固然没有带在身边那么方便，但带在身边这种做法太不明智了，因为习惯把钱放在身边的人往往在用钱方面会失去控制。

所以，把所有的钱存入银行是节俭的一个有效方法，这无形中会促使你进一步考虑这笔花销是否值得，能否节省。

Part 8
马太效应的势能法则

　　马太效应和赢家通吃的现象带给我们诸多启示：如果你想在竞争中获胜，就必须先学会造势，利用"势能"将自己撑大，在一定的范围内达到第一。

"寄生者"的智慧

在自然界中，借助外在力量获取利益的例子比比皆是。鲨鱼的身边总是游弋着几条灵巧的小鱼，它们靠拣拾鲨鱼猎食的残余为生；海鸥喜欢尾随军舰，因为后者的排水可以使海里的小生物浮上水面，成为它们的食物；在丛林中，很多藤萝植物是靠依附在参天大树上得以享受阳光的。

在这个"巨兽"横行的时代，做一个"寄生者"是很不错的选择。

提起"寄生者"，很多人会感觉很不舒服，因为它让我们联想到许多糟糕的东西，如寄生在我们身体之中、吸食我们的养分并使我们致病的那些小生物，就像蛔虫、钩虫之类。

一个"寄生者"意味着"不劳而获"和"损人利己"，我们也常常称那些不肯付出努力而混吃混喝的人叫作"寄生虫"。

但你也许不知道，在我们身体里有很多种寄生虫，而其中的绝大多数对我们无害甚至有益。你知道你是怎样消化食物的吗？就是寄生在我们肠道中的菌类将食物分解，转化为人体可以吸收的养分，其他动物也是这样。

可以说，如果没有寄生者的帮助，我们一天也活不下去。与其说这些小东西寄生在我们身上，倒不如说我们与它们之间是一种和谐共生的关系。事实上，在自然界中的任何生物，不是"寄生"就是"被寄生"，有时这两种身份还会由一种生物同时拥有。

如果一个寄生者足够"聪明"，它一定会选择做一个有益的寄生者而不是相反，因为它靠寄主生存，如果它导致寄主受到损害，它自己也会面临麻烦。如果它的贪得无厌导致寄主死亡，那情况就更糟：它自己也会因失去生存环境而灭亡。

当然，自然界中的"寄生者"并没有这么聪明，但我们必须知道，做一个毫无用处的吃闲饭者是毫无前途的，如果要成功地"寄生"，就必须对你所寄生的组织有用。如果你进入一家很有竞争力的大公司，你就应该充分发挥你的才能，使公司更加成功，这样你才能获得更多。

毫无疑问，作为"寄生者"的你与你想投靠的寄主，双方地位是不平等的，要想成功地"寄生"，你必须要让对方明白允许你"寄生"是值得的。事实也是如此，很多成功的大企业和著名的产品，都从它的"寄生者"身上得到了很多好处。

你一定熟悉可口可乐的瓶子，这个造型独特的瓶子现在已经成了可口可乐的一部分。其实,它就是一个"寄生"的结果。

一个年轻人走进可口可乐公司经营者的办公室,向这些大老板显示他设计的饮料瓶。他介绍他的设计:优雅的曲线富有女性的妩媚之美;收细的腰身正好适于手的抓握;而且,最主要的是这种包装可以节省饮料而又不会为消费者注意。

为了使论点更有说服力,这位设计者还做了一个样品当场演示。他成功了,可口可乐公司接受了这一设计。这是一个双赢的结果,"寄主"和"寄生者"都获得了他们想要的东西。

所以,如果你还不具备创业所需的卓越能力,如果你艰苦卓绝的毅力和征服一切的胆识还尚且不够,那么要想自己开创事业,要想在激烈竞争中立稳脚跟,的确不是一件容易的事。不少人在毫无把握的情况下独立经营事业,他们确实做到了埋头苦干、刻苦耐劳,但每月的收入还不及那些被雇用者。

许多在大公司、大商行里工作的雇员其实生活得很舒适,他们不仅可以添置许多房产,而且有豪华的私人小车。这些人的优越生活完全来自自身的能力吗?并非如此,其实,他们只是马太效应的受益者:他们所供职的公司在竞争中的优势地位,使他们比别人获取得更多。

所以,对于立志创业的年轻人来说,当自己的资源不足以实现马太效应时,就该好好地考虑一下下一步该怎么走?如何才能成为马太效应的受益者?

善用别人的力量

在这个世界上，你并不是孤零零的一个人，有许多人都能为你提供帮助和支持，而且得到他人帮助所创造的价值远远超过你的想象。

用一个简单的数字来说明，假设你的工作效率五倍于一般同行；又假定，你自立门户而且得到所有的价值。因此，你的成果最佳情况是平均的500％，比一般情形多400个单位的"剩余价值"。

第二种情况，假设你能找到另外10名专业人才，每一个人都能立即（或受训后）达到三倍于平均的产出。他们能力不如你优秀，但仍能创造出远高于雇佣成本的价值。你为了吸引或留住这些人才，而用超出行情50％的薪水雇用他们，那么他们的个别产值是300单位，而成本是150单位，因此，你从每个员工所获得的"利润"或"剩余"是150个单位，雇用10个人，你除了获得自己创造的400单位之外，还增加了 1500 个单位，所以你的总利润是 1900 个单位，几乎五倍于你雇用帮手之前的收入。

当然，你不是只能雇用 10 名员工，雇多少员工，要看你能找到多少个可以增加剩余价值的员工，以及你有没有本事吸引顾客。通常，只要找到可以增加剩余价值的员工，也就不怕吸引不了顾客，因为只要有能够创造超值的专业人员，就能找到市场。

很明显，你应该雇用那些能创造正面价值的人，亦即价值远超过雇用成本的人——但这并不是说你只能雇用最好的。最大的剩余价值，来自尽可能雇用能创造超值的人，两倍或五倍都行。

除了雇佣员工、创造价值，你还能利用其他的力量"借船出海"。

比如在超市里设书报部和药品部，都比设立专门的店面便利。只要划出一块地方，无论房租或人工，还是装修费用，都比专门的书店、药店便宜不少。而且大公司往往是代销性质，卖不出的书完全可以退回出版公司。

向优秀的人学习

取得成功的人，在任何领域都有一套花 20 分力气得 80 分成果的方法。这并不表示这些赢家懒惰或不肯尽心，事实上，他们的工作一般都是非常努力的，但在投入相同的努力时，他们的收获却比别人高出数倍。

换句话说，赢家做事都有一套自己的方法，他们对事务通常都有不同的感觉和思考。凡是在某个领域出类拔萃的人，其所思与所为都不同于该领域中的一般人。这些赢家也许并不知道自己做的事有别于他人，但就算赢家总结不出他们成功的秘诀，旁人经过观察还是可以推论得知的。

从前的人非常明白这一点，比如弟子在师父跟前，学徒向工匠学手艺，学生借着协助教授做研究而学习，未成名的艺术家花时间与有成就的艺术家相处——他们都是借着协助与模仿来观察和学习成功者的做事方式。

向赢家学习最有效的方式就是为他们工作。在一起工作的过程中，你可以在最近的距离学到他们的做事方式和他们的思考方式，也就是他们成功的秘诀。

你要愿意花代价来为杰出的人工作，编各种借口来和他们共处，观察他们办事方法的特色。不久你就会发现，他们看事情的方式不一样，管理时间的方式不一样，与别人互动的方式也不相同。如果他们所做的你也做到了，或甚至超过他们，你才可能爬到顶尖位置。

为杰出人士工作是自我提高和改进的重要途径，因为你每天都有机会向杰出人士学习，并可以及时向他请教他所擅长的领域的问题。

无论你选择的职业是什么，找一个这个领域的专家，向他陈述你正试图去做的，问问他你应该怎样去做。专家不只是那些在某个领域里级别或能力高于你的人，每个人都有一些独一无二的知识和专门技能，如果你能主动向他们学习，那些知识和技能就会成为你的。

爱默生说："每个人在某个领域都是我的长辈，因为我能从他们那里学到一些知识。"

事实上，每个成功人士都会很乐意帮助别人、教导别人，尤其是对那些刚开始起步的人。你必须明白，向别人征求建议大概是你所能给予的最诚挚的敬意了。

当你向别人征求意见或指导的时候，你实际上是在承认他们独一无二的知识和技能，那些人会被感觉到在被讨好，因为你认为他们有一些有价值的东西。通过重视他们所知道的东西，你在表示对他们的重视。向杰出人士学习，可以避免不必要的错误，更快发挥自己的全部潜力。

有时候，不只是为最棒的人工作而已，在顶尖的公司，他们的公司文化就是最主要的窍门——观察他们的文化有何特殊之处，这特殊处就是关键。你得先在一般公司工作，然后进一家顶尖的公司，观察两者的差异。你还要养成写备忘录的习惯，学会与人当面沟通，并得到自己想要的东西。

找到赢家做事的方式

成为赢家是每个人的梦想，任何人在自己的内心深处或潜意识里都渴望取得成功，每个人都希望在现实生活中成为赢家，很多人也都坚信自己应该成为赢家。但与此同时，更多的人正在为暂时的挫折而感到迷惑和失望。

一个奇怪的事实是，很多人都没有意识到成功是需要学习的，最重要的就是向赢家学习，学习他们的做事方式，还要学习像赢家那样思考。

如果你所拥有的都是一些失败的想法，那么你所有的努力便会以失败告终。换句话说，如果你想成功的话，你就需要拥有一些能让自己成功的思维方式。如果你想成为赢家，你首先必须像赢家那样思考。你需要得到世界上超级成功者所拥有的那些能给人力量的信念！

事实上，不管成长过程或教育程度如何，每个人都可以在一个或多个领域出类拔萃，只要他善于学习和思考。

像赢家那样思考已经被一些成功人士实践了很长时间，你应当认真尝试一下，从成功人士那儿学到一些难得的智慧，而不是仅仅从自己的失败中吸取教训。通过这种方式，你可以走得更快、更远。

对于所有成功的人来说，他们之间没有一对基因是相同的，这说明成功并不取决于遗传因素。成功人士来源广泛，有着各种各样的身材、形象以及肤色，有着不同的身体和精神特征。很明显，成功者并不是天生的，一个人能否成功完全取决于他后天的努力。

加入优秀的群体

在今天，所谓的"高薪阶层"中有一部分是拥有企业的老板，但更多的是就职于知名大公司的技术、管理和业务人员。他们的年收入从几十万到上百万，他们拥有大多数人梦寐以求的豪宅、轿车，被认为是社会的精英人士、成功者。

他们是如何做到这一点的呢？是由于他们的才能吗？当然有这方面的原因，但是设想一下，如果他们未能就职于大公司，其所拥有的才能还能为他们赢得这么高的收入吗？

每个人都有劳动才能，才能出众者也为数不少，可是真正获得成功的人却不是太多。某些人之所以成功，是因为他们享有其他人所没有的机会。在一家大公司工作的人与服务于小公司者在竞争中的地位是不平等的，这就像在海战中，驾驶着巨型战舰的水兵很容易战胜驾驶轻型炮艇的对手，即使他自身的能力并不比对方强多少。

作为一名生产者，无论如何你都属于某个群体，即使你自己不这样认为，但事实上你已加入了某些特定的群体，不管是正式的还是非正式的，你都会或多或少地参与到群体中。

但各个群体的经济实力、工作氛围都是不同的，即使在同一工作场所，既有相互合作、共同努力的优秀群体，也有争权夺利、钩心斗角的群体，还有互相竞争、各执己见的群体。

虽然人们必须选择其工作或生活的不同群体，但所选择的群体是否上进、是否优秀，将决定你是马太效应的受益者还是受害者。

如果你属于一个只知道吃喝玩乐的群体，员工普遍对公司或上司不满，爱发牢骚，那么你也可能近墨者黑，无论待到什么时候，都不能精通自己的工作。

如果你加入一个好的群体，大家互相学习、互相勉励，那么你很快就能消除自己的无能和知识的贫乏，掌握工作要点，成为一名对工作充满信心的骨干。此外，如果处于一个良好的群体中，群体中具有领导才能的人更有可能被很快升职，那么在这个群体中，你一定会比在其他组织中获得更多提升的机会。

发现自己的福星

从古至今，地球上出过不少优秀绝伦、稀世难得的人才。他们的品德高尚、才能出众，就像是道耀眼的光束，一旦消失后，无处追寻。他们的光芒永远压不住，也无法找到后继者，因为他们属于另一种族群。如果你无法成为这样的明星，那你考虑过需要追随他们吗？

华特·孟代尔之所以能参选总统，就在于他曾经追随过两颗大明星。一开始，他追随胡柏·韩福瑞，使得自己当上参议员和副总统，后来他又追随吉米·卡特总统，因而能有机会与人竞争世界上最好的职位。他有才华吗？当然有，但重要的是他追随其他有才华之人的轨迹，达到普通人可能永远无法到达的层次。

想想赛车，为什么那些赛车手爱在时速高达 100~200 千米时，紧咬着前车屁股不放？

莫非那些赛车手是追求刺激的疯狂白痴？不！那是因为

他们想借前车替自己遮风挡雨，使自己能在减少油耗和引擎压力的情况下，以同样的速度跟随在他们身后。

商业世界与政坛或赛车场一样，要想登峰造极，最容易的方式就是找个正要爬上顶点，或已攻占顶点之人，变成"他的人"。只要他一往上爬，留下的真空就会轻易把你往上拉，这可比你孤军奋战省时省力得多。若是他已登上至尊的宝座，那么能有一位教父随时照顾你，当然是件好事情。

升入团队中的某一阶层之后，忠诚就变得比技术和能力更为重要了。事实上，人们宁可用个能力平平却忠心不二的下属，也不要养只技术高超却不忠心的大老鼠。绝大多数高级行政人员都有同样的想法，他们相当照顾"自己人"，但绝不宽容那些不属于自己人的下属犯任何错误。

若能把追随明星战术运用得当，几乎天天都会有所回报。大型组织内部会因很多原因更换领导人，例如领导人去世、遭到解雇或另谋高就。很多时候，这个位置将由外人来填补。占上领导位置的人，很快就会用"自己的人"，在团队中建立起自己的幕僚。如果前任主管跳槽到别处，也会带着自己的人马过去，空下来的职位将由新主管自行填补。若是前任主管没有把那些人带走，新主管就会温和地，有时是猛力地把他们往外推，以便腾出空间，安插"自己的人马"。

彼得曾经两度被卷入高层人事变动中。其中一次，所有高级行政人员在一年之内全遭解雇，只有彼得一人被留了下来。另一次，所有高级行政人员都保住饭碗，只是换上一批新主管。这两批人彼此处不来，旧的高级行政人员只好一个个走人。结果相同：新的主管找来"自己的人马"，整个组织分裂成两半。

如果跟随主管跳槽，钱和利益肯定不会少，权力当然也会有所保障，因为你是主管的人。相对那些感觉整个组织都在和自己作对的人，你的团队归属感是很不错的。只要整个团队和那颗明星都有好成绩，你的发展自然不会差到哪里去。

当然，如果把自己的福星只限于自己的主管或上司，那未免太狭隘了。愿意付钱买你知识的人，就是你的市场，最看重你服务的人，就是主顾，这些人都是你致富路上的福星。

市场是你表现的地方，所以，你要决定该如何销售你的知识。你是以员工身份为一个有规模的公司或个人工作，还是以自由工作者的身份，为一些企业或个人工作？或者你是自创公司，向别人销售服务？

你是要提供原始的知识，还是根据情况运用知识，或是要用知识创造产品？你是要发明新产品，还是在现有的半成品上增加价值，或是要当零售商销售成品？

你的主顾可能是个人或公司，他们能让你所做的事获得最高的价值，并因而带来待遇不错的工作。不论你是雇员、半独立、小老板、大老板甚至一国元首，主顾都是让你维持成功的主力。不管你过去成就多高，道理都一样。

可是，位居领先地位的人，却常常疏忽甚至怠慢了他们的主顾，以致失去原有的地位：美国网球名将马克安诺忘了他的顾客是来看球的观众和职业网球比赛主办人；撒切尔夫人忘了她最重要的顾客是她保守党的国会议员；尼克松忘了他的主顾是要求主权完整的中美洲国家。

在这个世界上，没有别人的帮助，谁也不可能成就伟大的事业，任何成功人士都必须从自己的福星处得到帮助。

Part 9

马太效应的成功法则

　　是"成功"创造了"成功者"，还是"成功者"创造了"成功"？这个问题也许就像"先有鸡还是先有蛋"一样永远弄不清。但有一点可以肯定——假如你具备"成功者的形象"，你就有可能成功。

看起来像一个成功者

毫无疑问，建立个人品牌、塑造一个成功者形象的最佳方法是杰出的工作。你的表现，以及它所赢得的声望，将告知公众你是一位多么优秀的人物。当你看到一个人在正式的球场打球时，你就会认为他是一个职业球手；当人们看到你在本行的工作成就时，同样也会认为你是个能干的专家。

但是，还有其他许多适用于建立个人品牌、塑造成功形象的方法。在此我们要谈的并不是那些华而不实的方法，例如驾驶一辆大型轿车，购买一座超出你经济承受能力的房屋，超预算地加入一些俱乐部或过分地追求表面虚荣等。

一个人能否成功，机遇或者运气是一个非常重要的因素，比如一个士兵从底层经过一步步晋升成为将军，这当然主要取决于个人的才干和努力，可是假如他在战场上挨了一枪，那么还有施展才干的机会吗？

但问题是，机遇或运气往往是可遇不可求的。如果总是依赖于运气的眷顾，不久你就会变得很悲惨，守株待兔、被动等待不是一个好主意。如果机遇或运气偏爱某种人的话，那一定是积极主动、勇于尝试的人。"自助者天助"就是这个道理，因此不要等待着一种成功形象的自然出现。

抛开机遇、运气不谈，哪些东西能够帮助我们成功呢？

成功需要多种能力、品质和资源，不过首要的一条就是，你必须"看起来像一个成功者"。对于刚刚开始创业的奋斗者来说，营造成功者的形象尤其重要，因为此时还没有太多的资源和机会可供浪费，营造成功的形象能使你看起来更成熟、更有实力、更值得信赖。人类的最大特点就是喜欢在完全了解之前做出判断，对事物如此，对人也是如此。人们普遍重视"第一印象"，并根据这一印象形成对个人的主观判断。这种判断有可能准确，也可能错误，可是一旦形成，就很难改变。对于生活在都市快节奏中的现代人来说，"第一印象"尤其重要，因为如果给对方留下不好的印象，也许连改正的机会都没有了。

看起来像一个成功者其实并不容易，如果你并不真的具备某种特质，假装是很难的。不过你还是应该注重这些表面功夫，一旦你的成功形象树立起来，你的成功机会也会随之而来。

在你开创事业的过程中，切记这条古老的格言：要想赚钱就得花钱。虽然成功者的形象对一个新事业而言是必不可少的，但在考虑其优先发展时，还必须依据自身的财力行事。例如，一个为事业奋斗的年轻律师，他不仅希望有漂亮的接待员和秘书，而且还希望在最繁华的商业区的写字楼中有自己宽大、豪华的办公室。但在开业前，他很可能无力支付这一切。因此，创业者在树立形象的过程中，不要超经济能力去消费。

先做成功者，而后成功

究竟是"英雄造时势"还是"时势造英雄"？或者换一种更现代的说法：是"成功"创造了"成功者"，还是"成功者"创造了"成功"？这个问题也许就像"先有鸡还是先有蛋"一样永远弄不清。但有一点可以肯定——假如你具备"成功者的形象"，你就有可能成功。

无论从事什么职业，当你正同许多从业多年、根基牢固的同行们竞争时，或自己还是一个无名小辈时，你必须营造一种形象，一种你所希望的赢家形象。

审慎地树立一个正确的形象，你就会在更短的时间里获得你所希望得到的东西。你的形象会告诉别人："我现在是赢家，而且永远都是！"

所谓"成功者形象"都包括哪些东西呢？

它可能是外表，可能是行为，也可能是一些制度，但它们的作用是相同的，就是使你或你的公司看起来更成熟、更有实力、更值得信赖。

开始经商时想要树立成功者形象也许是最难的，那时有许多需要考虑的问题，但是人们还是应该优先考虑树立形象的问题。因为，从一无所有的地基上树立起一个成功者形象，要比容忍一个恶劣形象的发展好得多，这就好像在一片空旷的土地上建起一座新楼要比先推倒一座旧楼再建新楼容易得多。

一名修理技师打算自己创业，他下了很大决心在市中心租了一间办公室，不久他就发现，过去主动上门的顾客极少，但是现在的顾客增强了对他的信任，已经开始给他提供大宗的订单了。他说："真怪，过去从不是我的顾客的那些人，开始同我有了业务联系，而且一些陌生人也开始同我联系并商定合同，就好像过去我修不了他们的机器，而现在我的技术突然提高了一样！"

虽然修理技师是误打误撞明白了"成功者形象"的重要性，但对于大多数创业者来说，如果能够事先明白这个道理，就能为自己创业的成功带来更多的胜算。

有一名年轻医生从大医院主治医师的职位上辞职下来，他打算从事整容医师的事业。当他把所需要的办公室图纸交给房屋设计师时，设计师非常吃惊，因为这位年轻医师竟打算在接收第一个病人之前就破费那么多的钱财。然而这位医生认为："在整形外科手术这一行中，你必须为自己的病人创造一种你已经取得了成功，而且还会从事多年的气氛。没有哪个人会让一个毫无经验的医生为他女儿的鼻子做整形手术。对于拔牙或者切除皮肤粉瘤这样的小手术，人们或许不会过分关注医生的经验，但对于美容手术来说，他们会优先考虑一个医术高明、经验丰富的医师。"

年轻的整容大夫最终搬进了他的新办公室，并用传统方式把他的办公室装饰起来，使人感到他已经从事整容行业多年，成功地树立起了可靠的专业形象。当然，这位医师也的确具有高超的技术和丰富的经验。如果没有内在的保证，再好的门面也只是门面。

一位商业咨询专家对马太效应归纳得最好，他说："获得成功之前，我发表的还是现在发表的那些演说，但是没人愿意听我的，他们甚至嘲笑我的一些极富远见的观点。现在他们听我的演讲了，那些过去完全不理会我讲话的人现在总是赞同我的观点。"

工作能力很重要，但是遵循马太效应，塑造一个赢家的形象更能保证你获得梦想的成功。人们愿意同成功者交往，因为他们相信成功者必定擅长本行，否则他们就不会获得现在的地位。所以，为了成为最佳人物，你必须向公众表明你确实是个最佳人物。

成功者的形象能够给他人带来威慑，你应时常充分地意识到成功者形象对你的威慑力，而且你也可以利用形象去威慑他人。

通常，体验威慑形象的一个最佳实例是在一家豪华的西餐厅所受到的接待。无论你的社会地位如何，除非你对老练的威慑者——男招待做了充分准备，否则你就得接受这一事实——不但要花一大笔钱，而且还要被唬住。

对大多数人来说，从法国菜单上点菜是件非常不自在并令人难以忘怀的经历。也许招待那隐约可闻的法国腔，或者饭店那高雅的气氛会把我们弄得局促不安。不管出于什么原因，如果选择在这类饭店进餐，多数人都会有这种被威慑的体验。

一位记者曾采访过一位经济界名人，这个人的名字经常被刊登在最权威的经济杂志上，酬金达到7位数。可是当他在法国餐厅吃饭时，却因为在男招待面前不会点菜而像个做错事的孩子。记者很震惊，因为他目睹了这位极富有的人完全被男招待给威慑住了！这使记者得到了一个终生难忘的教训："当你身处他人领地时须谨慎，否则你会受到迎头痛击。"

在其他场合我们也曾体验到这种受人威慑的屈辱。无论你是谁，一定也曾有过类似的经历。在某些特定场合，你时常会装出懂得应该怎么办的样子，而事实上，你知道得甚少或是一无所知。在购买家具、古董，或想同一位室内装饰师打交道时，最容易使人陷入那种最常见、最令人沮丧、最令人生畏的境况之中。

为了避免这些难堪的时刻（这在生活中是难免的），你应牢记一些非常基本的法则。

首先，保持你的幽默感。记住这些事情并非十分重要，不要为它们烦恼不安，要学会正确地对待它们。

其次，让对方知道你不是个不中用的人。马上告诉他你很忙，没多少时间花费在这样的琐事上，然后要让对方认为你是个重要人物。然而，请注意不要过分虚张声势，如果你确实对他的行业不甚了解，切不可装出懂得很多的样子。一旦你被识破，他就会支配你，那么你的处境会更糟。

　　最后，也许这是最佳忠告——尽可能避免一切与这类似的场合，那样你永远不会感到难堪。让你的妻子同家具商、室内装饰师以及法国招待打交道。如果你是独身，不要竭力给你的女友留下深刻印象，而是让她从法国菜单上点菜。如果她点不了，那么她当然也不会因为你也点不了而小瞧你！

成功者的信服力

　　正如我们阐明的："当你身处他人领地时须谨慎，否则你会受到迎头痛击。"这对你身处自己领地时又有些什么启示呢？

　　大多数时间你都在自己的领地度过，为此，你应学会利用这一有利的地位。当别人进入你的领地，你是专家，而不是他。如果你的职业凑巧是律师，记住这个人到你的办公室是来寻求你的忠告。他愿意付钱给你，是因为你比他对法律了解得多。如果他不这样认为，他就不会到你这儿来。不管你做什么工作，无论你是个会计师、医生、建筑承包商、花匠、庆典承办人、药剂师或汽车商，你都必须牢记：你对本行的了解胜过那些来同你洽谈的人。否则，会因你的心虚气馁最终失去你的买卖或工作。

　　因此，你必须行动果断、充满信心，只有这样，你才能令顾客信服你的专业能力。

许多人认为，医生是拥有信服力的冠军。如他也许会说："我不管你有多忙，你必须马上住院，我们要给你做个彻底的全身检查，找出你头痛的原因。至于你的工作？先放放吧，保命要紧。"

这个名号也可以给律师。当然，由于他们懂得法律、合同以及案例，所以他们总是占据主动的位置。只有当你遇到问题时，才会去找律师，所以从一开始他就控制了局势。

当你带着税务问题来到一家像样的会计师事务所时，情况也是如此。当证券管理委员会和税务部门找上门时，如果你没有完全依照忠告行事，无论愿意与否，你都要按他们说的去做。

咨询员基本上也是如此行事，总之，他是专家，而你有求于他。当一个保险推销员将企业厚厚的条款文本摆在你面前时，你是很难不相信他。

其他人也会用他们的专业知识、博士学位、履历等形成专业的形象。他们必须利用这些形象来留住顾客，因为一旦某人开始接受服务，那么此人在今后的事业中将很难再离开他，或将永远离不开他！

好的推销人员也意识到信服力的价值。任何名副其实的人寿保险代理人都会令他的顾客信服。记住，没人心甘情愿地购买他销售的产品。可能的顾客在听到销售介绍之后，最初的反应是要拖延做出决定的时间。有经验的推销员都清楚，如果不趁热做成这笔买卖，他的潜在顾客很可能就会"失去兴趣"。在许多情况下，信服力是使买卖成交的最有效的方法。

许多了不起的推销人员能以非常巧妙的方法揽住他们的顾客，他们中的大部人并没有认真对待他们的顾客，但顾客仍坚持从他们那儿购买商品。显然，几乎没有什么人会竭力反对推销人员的这种信服力。

推销人员常常会告知顾客，他们是这一地区的最佳制造商，他们对产品的了解比任何人都多。随后，他们的顾客就会自豪地告诉他们的朋友，他们在同第一流的公司推销员、大牌信托基金推销员或头号股票经纪人做交易。

所以，请不要害怕告诉你的顾客你有多么杰出。如果你倾听人们的议论，你会发现他们喜欢吹嘘出售给他们新房子、新汽车或新电视机的营销人员是如何的了不起！如果你想使他们真正了解你有多么出色，那就告诉他们，并且使这些成为商品介绍的一部分。

虽然我们积极提出很多有关如何认清情势，使自己具有信服力的忠告，然而，必须注意的是，只有自信的形象才能使你在竞争中获胜，像任何事物一样，你必须认定什么对你的长远目标最有利，什么能帮助你达到最佳效果。

塑造成功者形象的最好办法

注意你的着装

一位美国社会学家做了这么一个试验：一名试验者被安插进"纽约城公司"总部，他穿着一双黑色的、饰有大白鞋扣、鞋跟磨坏的皮鞋，一件俗丽的青绿色上衣和一条印花棉布领带。到了总部之后，这名试验者先让前50名秘书把他的公文箱取回来，结果这50名秘书中只有12人听从了他的吩咐。在后来的试验中，他穿上了华贵的蓝上衣、白衬衫，系着一条圆点丝质领带，脚上穿着一双高档皮鞋，发型整齐。在后面的50个秘书中，有42个人提供了他要求的服务。

英国一位心脏病医学专家认为，整洁的外观和干净利落的外表对心脏外科医师来说是极为重要的。"你可称其为虚荣，但是我认为，那却是有关自尊心的问题，"他说道，"我认为，如果我打算给我的病人诊视，告诉他们如何照料他们自己，而在与他们谈话时，他们看到我身体短粗肥胖，嘴角衔着根香烟，他们肯定会对我失去信任……没有谁想让一位作风邋遢、不修边幅的外科医生给自己做手术。"

新雇用的推销人员说，他们可进行的最行之有效的投资之一，就是给自己买两件值钱的衣服——一件是针状条纹上衣，另一件是浅灰色的上衣，外加一件令人满意的衬衫。这两件衣服的价格要超过一小衣橱式样、风格平平的二流服装。如果预算吃紧，宁可买下这两身衣服，在每周的工作中交替来穿，也不去多买几身廉价服装，因为它们不利于建立你所希望的那种形象。

也可用同样的思维方式来设计发型。当然，发型式样每年都有所不同。人们在20世纪50年代和60年代初对长发的看法，用今天的认识标准来衡量，那就太守旧了。我们应当重点考虑的是其整洁程度，而非其长度。对唇髭和胡子的衡量标准也应如此，修剪得很整洁，会使你看起来干净利落。

这里对许多在晚上工作的生意人和经济人士的另一条建议是，在他们的公文包里，放上一个便携式电剃须刀。每天下午快结束工作时或在傍晚的重要商务洽谈会上，疲倦不堪的面容很难给人留下良好的第一印象，抽出5分钟的时间刮刮脸就可使你显得精神焕发。

表现出很忙碌的样子

美国成功学者舒克讲过这样一个故事：在他做完半年

一次的身体检查之后，正要走出医生的诊室时，接待员问他 6 月 23 日是否可以做另一次检查。舒克吃惊地问："怎么下个月？我刚刚收到一张健康证明，6 个月之内没必要再来做检查了。"接待员笑着说道："舒克先生，我不是说下个月。我们已预约到明年 6 月份了。"舒克赶忙说："这样的话，你最好把我登记上，如果我现在不定下来，可能要等更长的时间了！"得知医生已提前预约了 13 个月的病人，这使舒克深有感触。他相信，这位医生一定是城里最好的。

再看看另一个反面的例子，有一位医生，当病人给他打电话预约时，他说第二天早上 9 点钟可以安排。由于那个时间病人去不了，他同意改在 11 点钟。后来，病人又有事要求改期，他又同意安排在下午 2 点。于是他给对方留下的印象是，这个可怜的家伙那天的大半天时间里没有任何病人。任何第二天无预约病人的医生经营状况一定不佳。很明显，他塑造了一个很坏的形象，而一旦形成了这种形象，他就很难使他的病人对他产生应有的信任。

如果你所从事的是一项崭新的事业，或者已有几年，但尚未达到某种令人满意的水平，建议你牢牢坚持马太效应所显示的"成功孕育成功"的法则。你要学的第一课是：看上去显得很忙。绝不要让你的顾客知道你的约会极少；相反，你要使人觉得你总是"已满"。

运用这一法则的最佳实例是，那些专职人员让你觉得，把你收为他的顾客或病人，是他们给予你的极大恩惠。所谓病人满员的那些医生向公众宣称，他们的病人数量已爆满，于是其他病人都排在预约单上。然而，他们未必真是病人爆满的医生。许多专家，如果你不是他们的主顾，那么，他们只是"抽空"为你服务。这些人都会熟练地运用"成功孕育成功"的法则。

表现出很忙碌的样子对中小企业尤为重要。有些小公司对他们的顾客进行详细地盘问，在你说明你是何许人，为什么打电话之后，接待员会将电话转给雇主的私人秘书，秘书再问一遍同样的问题。在同要见的人讲话时，你已经同那个办公室里的几乎每个人都讲过了话。然而，这种方法确实能创造出一种重要气氛。许多人认为，通过越多的接待员和秘书同要见的人讲话，越表明此人的重要。尽管真正的大经理应该亲自接电话，但是往往自己接电话就给人以经营小买卖的形象。事实上，真正的小业主确实常常是没有任何贴身的接待员或秘书。

把办公室变成荣誉室

"成功孕育成功"的法则要求每个人都最好能用美化形象的标志来装饰他的办公室。奖状、证书等会有效地告知潜在顾客，你是一个如何优秀的人物。同样地，得到的证章和奖励也会起到类似的效果。

一位著名的律师在办公室挂了几幅精致的镶框照片，在照片上，他本人和各位董事们围坐在会议桌旁。由于他是许多大主顾董事会的成员，人们会在这些照片中认出某个著名商人，或询问这些照片代表着什么，这样的一个暗示性问题能使他有机会进行有关那些大公司的"演说"。人们不禁会想，他既然是这些公司董事会的成员，那么，他必定也是一个优秀人物。

如果资金不成问题，装饰办公室的费用可以说是永无止境的。你可以订购最高级的办公用具，地板上铺上中东手织的地毯，墙壁上装饰著名画家的原作。如果买不起名家的作品，你可以装饰上精致的复制品或其他艺术家的作品。

在你办公室的墙壁上还可以装饰其他有益于树立形象的装饰品，如那些能够"讲述历史"的物品，许多经理人员所使用的这类物品包括证书、成就奖杯和荣誉奖杯等。当然，还可以有你的家庭照——树立一个热爱家庭和生活的形象也是很有好处的。

一个很特别的人寿保险商，在一切可能的时候都安排顾客到他的办公室拜访他。他想在他和顾客之间建立起律师与其诉讼委托人之间的关系。在自己的办公室为一位客户制定保险计划时，不仅能使他随时获得更为有益的信息，也更有助于树立公司和个人形象。

他的办公室布置精美，墙壁上挂着他获得的许多奖品，还有很多他身为公司领导人的金属奖章，以及其他赞扬他在社会工作中做出杰出成就的奖励品。他在办公室进行经营性会见的方法收效显著，正如他所解释的那样："我的墙壁使我的顾客很容易知道我是谁，而如果我去他的办公室，我就不会给他留下这样的印象，此外，在自己的地盘上办事，条件不是更优越吗？"

抬高你的身价

许多从事艺术行业的人物之所以能为他们的作品索取高价，最主要的原因就在于"成功孕育成功"这一法则。

如果一位艺术家的某个作品已经卖出了昂贵的价格，那么他的所有作品都会卖得很好。这其中的奥妙在于：不管他在画布上作画的才能如何，他的某个作品已经表明了他有树立成功形象的能力。我们都曾不止一次看到一幅幅像小学生画的现代艺术作品，尽管艺术家只需一个小时就能画完，但其售价却是普通人年薪的好几倍。最令人吃惊的是，人们居然非常乐意购买这种艺术品，而后又能以高价售出。

这是因为，人类的直觉告诉他们只有价高才能物美。大多数人认为："花这么高的价钱，我买到的肯定是最好的东西。"

对于医生、律师、商业顾问等必须为所付出的劳动索取报酬的人来说，都应该极为认真地分析他所制定的收费标准。如果报价过低，树立的形象也就欠佳，这会有损于你的事业。只有提高你的收费标准，才能显示你的身价很高、本事很大。

增加企业的品牌价值

对于企业来说，树立成功者形象的方法与个人大同小异，在此，我们补充以下三条：

——在全国性刊物上做广告

一般读者看到这类广告时就会得出结论："哇，我真想不到这家公司买卖做得这么大。他们在这么著名的杂志上登了个整版广告，他们的生意一定很兴隆！"

——雇用一名第一流的秘书

在结束对全国性刊物上做广告的讨论之后，还要力劝你雇用一名第一流的秘书。无疑，在她身上花这笔钱不会付诸东流。你不应对这笔更多的开支犹豫不决，她会给你巨大的帮助。一个能够娴熟地应接电话、处理日常琐事、应酬来客、做口授记录、打字和把文件归档的秘书对一个公司正常和谐的工作秩序是极为重要的。

这方面的人很缺乏，能干的秘书能极为有效地提高办事效率。在你的办公室雇用其他人员时，你也应当出于同样的考虑。记住：如果你想拥有一流的产业，就必须有一流的投入。

——聘请最好的代理人

聘请最好的律师、会计师事务所和广告公司做你的代理人也是极有价值的。在同一位潜在的客户讨论你正着手解决的契约时，如果你提及所在城市中最好的事务所的名字，这不但会使你的论点更加有力，而且还会有利于树立你的公司形象，让外界知道你的公司是与这样受人尊敬的专业公司合作，这对你的公司形象有百利而无一害。

聘请最好的事务所，你的所得要大于所失。从事第一流专职服务的行业不仅是重要的形象树立者，而且对公司的长期经营来说也必不可少。

扩大你的人际关系资源

每次到一个董事长或总经理的办公室，总会看到这些老板与当地政府官员，甚至是和元首级人物的合影，或是某某高官馈赠的匾额等，因为这样可以显示这位主人人缘的充沛与各种关系的良好，甚至有助于提升客户对自己公司的信心，进而有更大的生意可以合作。

有人说："看一个人的人际关系，就知道他是怎样的人，以及将会有何作为。大多数人的成功，都源于良好的人际关系。"的确，如果没有与人建立关系，我们在这世上就算活着也无异于已死。友谊，是生命的重心——这话听来老套，却是真理。

人缘虽说不在多和广，掌握20％的关键，加上有一两个死党兄弟足矣。但是，一旦我们事业发展有了基础，为相交满天下的朋友锦上添花，还是有相当大的妙用。商场有句俗语是"天大的面子、地大的本钱"，指的就是这回事。古往今来最熟知个中三昧，并且运用自如的，恐怕当数金融界大亨罗思柴尔德家族了。

19世纪20年代初期罗思柴尔德在巴黎发迹，不久之后他就面对最棘手的问题：一名犹太人，法国上流社会的圈外人，如何才能赢得仇视外国人的法国上层阶级的尊敬呢？罗思柴尔德是了解权力的人：他知道他的财富会带给他地位，但是他会因此在社交上被疏离，最后地位与财富都将不保。因此他仔细观察当时的社会，思考如何受人欢迎。

慈善事业？法国人一点也不在乎，政治影响力？他已经拥有，结果只会让人们更加猜疑。他终于找到一个缺口，那就是无聊。在君主复辟时期，法国上层阶级非常无聊，因此罗思柴尔德开始花费惊人的巨款娱乐他们。他雇用法国最好的建筑师设计他的庭园和舞厅，他雇用最驰名的法国厨师卡雷梅准备了巴黎未曾目睹过的奢华宴会。

没有任何法国人能够抗拒，即使这些宴会是德国犹太人举办的，罗思柴尔德每周的晚会吸引来越来越多的客人。

终于，罗思柴尔德的晚会反映出他渴望与法国社会打成一片，而不是混迹于商界的形象。透过在"夸富宴"中挥霍金钱，他希望展现出他的权力不只在金钱方面，而是进入更珍贵的文化领域。罗思柴尔德或许透过花钱赢得社会接纳，但是他所获得的支持基础不是金钱本身就可以买到的，往后几年他一直受惠于这些贵族客人，并将事业做得越来越大。

用信誉和品牌吸引顾客

一个人或一个企业一旦建立自己的信誉和品牌，那么它就会为你遮风挡雨，成为你前进道路上最好利用的力量。

一般说来，你用不着借助电视广告、报纸杂志的整版广告或大的路牌广告来让你的客户上钩，叫卖是做生意常用的。

作为肉铺师傅，你可以到你铺子周围的办公室里去散发纸条，甚至样品，通过这个把你的新式皮萨（Pizza）煎肉饼当作特色介绍出去。

作为保险代理人，你可以向你的客户、邻居和亲戚邮寄表达问候的明信片，致以生日或圣诞节的问候，这个谁都可以做到。

你可以在因特网上开设一个主页，在上面强调你个人品牌的优势所在。

你甚至可以挂起宣传画，但并不一定就像政客们在选举时到处悬挂的那样夸张。

你可以为你的个人品牌做很多事情，方法是，借助一幅小的宣传画，向你的办公室同事（或者邻居，或者甚至是非固定的顾客和路人）表明，你今天 18 点会开启一桶啤酒，请他们来帮忙把它喝光。他们会问你是什么原因，对此你可以既骄傲又神秘兮兮地答道，你想向周围的人推介你的个人品牌。

交际的机会几乎没有限制。只要你在书面展示中也能遵守你为自己的个人品牌所制定的规则，这种交际便会为你的个人品牌提供支撑。你会通过这种方法，使你的个人品牌与别人区别开来。

你已经看到了，在我们所推荐的关于自我宣传的例证中，不一定就是关于为产品做宣传的。当你供应皮萨煎肉饼时，你不一定宣布具体的产品，而可以就个人品牌来一番告白："作为肉铺师傅，我代表的是一种新的口味特色。"或者还可以这样说："我代表着肉饼的质量和创新。"

蒙特利尔的经理皮埃尔·富歇（Pierre Faucher）采取了类似的方法：他彻底改行生产加拿大特有的产品枫浆（Ahornsirup）。在他的高山制糖厂（Sucreriedela Montagne）里，他不仅在市场上销售甜汁（大部分多汁水果都有甜汁），而且还推出了荒野体验，使他的产品迅速地适应了市场的需求。

名牌商品生产商如果在广告宣传中过于固守已有的产品，那么大多无法使被置于首位的品牌价值凸现出来。有时情况还要更糟：他会陷入残酷无情的竞争中，在竞争中，别人可能会说，他们自己的产品有多好，他们自己的安全方案有多出色，他们自己的设计有多棒等，于是，已有的优势就会逐渐褪色。

每位顾客的背后都站着 250 个人

在每位顾客的背后，都大约站着 250 个人，这是与他关系比较亲近的人：同事、邻居、亲戚、朋友。

如果一个推销员在年初的一个星期里见到 50 个人，其中只要有两个顾客对他的态度感到不愉快，到了年底，由于连锁反应就可能有 5000 个人不愿意和这个推销员打交道。他们知道，和这位推销员做生意是会给自己惹麻烦的。

这就是美国著名推销员乔·吉拉德的 250 定律，也是马太效应在客户关系营销中的直接应用。吉拉德由此得出结论：如果能够通过客户的力量来扩大自己的营销网络，将能把销售量提高几十倍。

赢得一个顾客犹如针尖挑土，需要绝顶功夫，而失去一大批顾客则犹如大水推沙，水退沙无。赢得一个顾客的满意，从某种意义上说，也就赢得了众多用户的信赖和支持，占据了潜在市场的主动。

在吉拉德的推销生涯中，他每天都将250定律牢记在心，抱定生意至上的态度，时刻控制着自己的情绪。不因顾客的刁难，不因自己不喜欢对方，或是自己心绪不佳等原因而怠慢顾客。吉拉德说得好："你只要赶走一个顾客，就等于赶走了潜在的250个顾客。"

吉拉德认为，对于营销人员来说，特别需要顾客的帮助，他的很多生意都是由"猎犬"（那些会让别人到他那里买东西的顾客）帮助的结果。他的一句名言就是"买过我汽车的顾客都会帮我推销"。

生意成交后，吉拉德总是把一叠名片和"猎犬计划"的说明书交给顾客。说明书告诉顾客，如果他介绍别人来买车，成交之后，每辆车他会得到25美元的酬劳。几天之后，吉拉德会寄给顾客一张感谢卡和一叠名片，以后他每年都会收到吉拉德的一封附有"猎犬计划"的信件，提醒他吉拉德的承诺仍然有效。如果吉拉德发现顾客是一位领导人物，其他人可能会听他的话，他会更加努力促成交易并设法让其成为"猎犬"。

实施"猎犬计划"的关键是守信用——一定要付给顾客25美元。吉拉德的原则是：宁可错付50个人，也不要漏掉一个该付的人。"猎犬计划"使他的收益很大，1976年，"猎犬计划"为吉拉德带来了150笔生意，约占总交易额的1/3。吉拉德付出了1400美元的"猎犬"费用，收获了75000美元的佣金。

具体来说，顾客对商品销售的影响可以用垂直展开和水平展开两种方法来分析判断。

所谓垂直展开就是指在顾客自身的消费活动中，使用公司商品的空间有多大，顾客再次购买的概率有多大。如果不再购买同样的商品，那么顾客从起床到就寝，有多大的机会用到公司别的相关商品呢？

而所谓的水平展开就是顾客周围的人能受到多大影响呢？顾客和家人、朋友、同事们的谈话能多大限度地促使他们购买你的商品呢？

如果商品在水平和垂直两方面都有延伸的可能，那么只要以某种商品吸引到了顾客，可以不断地让其他商品走进顾客的视线中，甚至可以延伸到顾客身边的朋友，卖得越多就越轻松。对于资金薄弱的公司来说，它有非常诱人的前景。

所以，只要有影响力的顾客说几句话，他周围的人就会成为新客源，他也就成了你不拿报酬的义务推销员。获得这些核心顾客后，商品的销售会越来越快，公司也能顺利地进入商品热销的马太效应。

寻找有影响力的顾客

那么，我们不禁要问，能带来更多买家的有影响力的顾客都是哪些人呢？通常，人们参照以下的三个标准来寻找自己有影响力的顾客：

1. 被潜在顾客所憧憬的人；
2. 以说话为职业的人，有充分时间说话的人；
3. 上述的人当中，手握信息源的人。

被潜在顾客所憧憬的人

所谓被潜在顾客所憧憬的人，具体来说就是明星或行业领袖。比如说，在推销美容器时，只要在电话里很八卦地说："不要告诉别人啊，布兰妮也在用这个呢！"你的商品就会变得特别好卖，口碑也会很快传出去。在向酒店推销商品时，只需说："帝国饭店用的也是这个商品，可以免费试用。"很多情况下对方都会提出进一步商谈的请求。

当红明星和行业领袖成为你的顾客后，业务开展就会变得非常顺利。特别是在开展新业务时，仅凭这点就可大幅度地缩短崛起时间，所以就算是赔钱也要让他们成为你的顾客。

当然了，像医生、律师、大学教授这些被尊称为"先生"的职业对周围的影响力也不可小觑。这一点看看对广告的反馈就很明白了。在一个免费赠送化妆品资料的广告中，让模特扮成医生的话，反响就非常热烈。当模特换成厨艺老师后，反馈就大幅下跌了。

所以，当从事令人向往职业的名人成为你的顾客后，商品的竞争力就会马上上升。有了这样的效果，那些大企业当然会花几百万美元让明星来做广告了。可是一般规模的公司，没有这么多的资金，又该怎么办呢？

实际上，还有一个好主意：把你身边的人变成名人。

有一个小小的运动俱乐部，舞蹈是这里的强项。因为俱乐部很小，所以不可能有大牌的舞蹈明星。但从他们的广告来看，教跳舞的人都属于实力派，甚至会让人觉得"这里是不是有名的舞蹈工作室呀？"里面有剧团的群舞演员啦、全美国爵士选拔赛的冠军啦。有的个人简介里居然写着连任过迪斯尼的清洁总监。"他还扫过地呀，可真不容易。"人们完全被征服了。那些照片的确拍得颇为不俗，看上去真有点明星教员大集合的味道。

关键就在于"看上去"这几个字。事实上他们不过是当地对舞蹈有点痴迷的小哥哥小姐姐们。重要的是要把麻雀变成凤凰，把普通人通过"创造"变成人人崇拜的专家。比如，如果公司的客户名册中有医生的话，就可以向人介绍"他在某某领域是权威"；他本人可能会很谦虚，不过当你向人们讲述他的业绩时，一定要把他当成真权威。还有，如果顾客名单上有茶道的老师，你就可以向人们介绍"他曾师从于某某"。有了"师从"这样的字眼，就算大家不知道"某某"先生是谁，也会觉得他一定是个了不起的人物。

你当然不能撒谎，可是如果不尽全力地雕琢就大错特错了。

大多数的公司对眼前的人与物并没有努力雕琢。那些关键性的人物既远在天边也近在眼前。发现他们的优点，进行反复雕琢，这是最简单、最快捷的把顾客变成明星的秘诀。

以说话为职业的人

以说话为职业的人，即使在工作时间也能为你的商品做推销。他每天都在寻找新的商品信息，传播消息的能量也很惊人，对你而言，可谓是最佳的顾客了。

以企业咨询顾问这种职业为例，在网络热的初期，在网上商店购物的人中就有许多互联网企业的咨询顾问。这些顾问先生们为了写一些关于互联网最新动向的文章，会经常到电子商店购购物，之后还会在报纸、杂志上进行宣传。如果有了这样的顾客，慢慢地新客户就会蜂拥而来。

像这种爱说话、爱传播信息的职业还有哪些呢？

公司经营者也可以说是以说话为职业的人。每天例行的早会，一定要说些显得自己很聪明的话才行啊。还有，管理者中自我显示欲特强的人占了大多数，所以就会把自己的喜好强加给别人。结果呢，只要总经理用，他的家人就得用，他的员工们也得用，这样的客户网就会越结越宽。

学校的老师也是以"讲话"为生，而且社会影响力很强。所以商家处于导入期时，往往会以他们为目标顾客。比如销售太阳能热水器，按照教员名单进行电话推销后，接下来的反响就会非常的好。

人们往往以为出租车司机需要和客人对话，所以有可能成为信息的发源地。可实际上，把出租车司机当成关键人物使之传播信息往往起不到很好的效果。因为出租车司机开车到处跑，你找不到和他接触的场所，再加上他也很可能是因为不喜欢和人说话才选择出租车司机这个职业的。与之形成对比的是，据说在住宅建筑行业中，有许多项目都是通过消防队员进行宣传的。据说是因为消防队员的夜班多，等待执行任务时有足够的时间侃大山吧。

毋庸置疑，传媒是职业侃大山的代表，如果顾客中有传媒的记者，他就有可能在电视和广播中替你做免费宣传。如果以此为契机进一步挖掘，往往能一举获得为数众多的顾客。

以上所说的不同职业，其信息发布力和影响力也明显不同。在构筑公司顾客战略的时候，只要有意识地去关注那些对周围有影响的人，你的信息就会像装上扩音器一样，街知巷闻。

手握信息源的人

所谓手握信息源的人，就是指那些虽非媒体（如电视、电台等），但也能面向大众发布信息的人。因为他们可以在同一时间向许多人告知信息，所以他们也是有影响力的顾客。

具体来说，他们可能是面向顾客发行定期免费刊物的公司，也可能是互联网上向许多读者发邮件的电子版杂志的执笔人。像他们这样定期向读者提供信息的人，会有很高的信任度，对周围有很强的影响力。由于不是正式媒体的缘故，传播的人数比较有限，不过他们的传播有很强的针对性，就反应强烈程度而言，普通意义上的媒体不能与之相提并论。

举例来说，苏留茨合资公司每月向顾客发行一种叫"葡萄酒通信"的赠刊。有一次，它刚刚在赠刊中介绍了一家有生意往来的餐厅，第二天就有大批顾客杀到那家餐厅，餐厅老板乐得半天合不拢嘴。

当然了，专题俱乐部、小圈子聚会等等中的消息灵通人士也拥有不凡的影响力。你如果对他们进行"创造"，使之成为本地名人后，公司也将可能成为他们的话题焦点，双方就能建立起双赢的关系。

Part 10

教育与科研领域中的幽灵

教育和科研领域是人类文明的核心领域，马太效应像个幽灵一样活动在这个领域。但在这里，马太效应的作用常常是负面的，它会导致教育的不公正，也会导致学术腐败的恶性肿瘤等。

学校教育中的马太效应

马太效应在学校教育中是普遍存在的，主要有以下几种表现：

1. 教师对好学生好而对"差生"不好。例如，温妮学习好，聪明伶俐，班主任和老师都很喜欢她，上课总让她发言，有了缺点毛病老师也不予以批评指出，或只是轻描淡写地说几句，班里的荣誉她占了不少。而对调皮捣蛋学习又差的皮特，老师则另眼看待，上课很少让他发言，对他的缺点毛病给以严厉批评，好事他沾不着边。这种好生好对待、差生差对待的态度和做法，就是教育工作中的马太效应。

2. 教学质量好的学校和教师有挑选学生的主动权。由于学校教学质量好而使学校成为重点，由于教师的教学质量高而使他的班级成为重点班，所以成绩好的学生都会集中在这里。他们所取得的成绩又为学校、教师教学水平的提高奠定了必要的基础。这种现象是教育招生制度上的马太效应。

3. 学校管理水平高，办学质量好，就有条件招聘到好的教师，师资队伍会越来越好；相反，不好的学校很难招到好的老师，即使现在有好老师，也会逐渐另谋高就，因此，学校会越办越糟。这种现象是教师队伍建设上的马太效应。

4. 自信心强的学生，什么事情都敢于尝试；而自信心差的正相反。结果，自信的学生在课堂上大胆发言，与同学交往游刃有余，不断地获得新的成功；自信心差的学生，话也不敢说，做事谨小慎微，最终变得更加自卑、更加失败。

5. 自强不息的学生处境会越来越好，自甘堕落的学生处境会越来越差。这种现象是个体主观能动性和人生哲理上的马太效应。

6. 学习好的学生会考上好的高中，进而考上好的大学，学习差的学生上不了好高中，更谈不上好的大学。上不了好大学，将来的毕业求职就受到影响，活动的空间也会受到限制。就像晚点的火车要不断地给快车和正点的火车让路一样，一步不赶点，步步不赶点。这是人事制度上的马太效应。

同样是接受教育，一个农村孩子与一个城市孩子所受到的教育在质量上是有差别的。在一般学校的学生跟一个重点学校的学生所受到的教育也有很大差距。这种受教育权在质的方面的不平等，势必影响到孩子今后的发展，乃至一生的前途，其实质是人的发展权的不平等。而造成这种不平等的原因，则与过去我们对各个学校投入的不平衡有着直接的关系。

政府作为义务教育的投入者和责任者，有责任、有义务为公民在量和质两方面提供平等受教育的机会，所以让每一个学生都能享受到质量相同的义务教育是教育部门的工作重点。它必须使义务教育的学校均衡发展，不能厚此薄彼，人为地加大学校间的差距。

　　然而，现实的情况是，义务教育中的马太效应越来越明显：多则给予的愈多，少则得到的更少。

　　那些过去就一向受青睐的学校具备先天优势，市场机制也会帮助它们，因而它们能够左右逢源。择校费及各种捐赠使其财源茂盛，学生趋之若鹜，使其享尽生源上的优势。一般学校难以与其形成竞争，学校的"强势群体"与"弱势群体"之间的差距更大了。乃至一些贫困地区的教师和学生流失严重，已到了濒临消亡的程度。

　　面对这种情况，政府若没有强有力的政策措施对义务教育中的"弱势群体"加以扶持，则其在竞争中的弱势地位很难从根本上改变，公民平等享受义务教育的权利也就难以落实。观察近些年教育的状况，一些官员们重视的仍然是窗口学校、重点学校，其政策措施和办法仍然在向这些学校倾斜。"锦上添花"多，"雪中送炭"少，由此导致马太效应愈演愈烈。

自傲和自卑的对立

教育工作中，经常会遇到这样的情况：

一个品学兼优的好学生，学校领导称赞他，班主任更是经常表扬他，回到家中也备受宠爱，如此优越的成长环境，带给他的也不都是欢乐。学生们给他的是这样的风言风语：

"老师就想着他一个，什么好处都是他的。"

"老师就夸他能力强，经常出风头，能力能不强吗？我想积极，还找不到机会呢！"

"他有缺点，但老师还要护着他。"

"什么三好学生、优秀团员和干部，都是他得的，老师就是戴着有色眼镜看人。"

……

如果不注意这种马太效应，势必造成只重视和培养少数拔尖学生，忽视和放弃大多数学生，形成少数和多数的隔膜、分化、对立。

学生间的关系不和谐，老师喜欢的学生，同学却不喜欢，在班里受到冷落；师生间的感情也很冷漠，甚至带有某种敌意，学生总把教师的话往坏处想。这种不融洽的师生关系影响了教师主导作用的发挥，同时也影响了受教育者的进步和提高。

之所以出现这类问题，往往与教师对学生的态度有关。如教师有意无意地对优秀学生的偏爱，对后进学生的忽视，对不同的学生表现出不同的谈话热情，都会影响到师生关系和同学关系。

因此，美国心理学家托马斯·哈里森说："学校是个使富者更富，穷者更穷的地方。"在学校教育中，马太效应还表现在有问题的学生常常得不到应有的帮助，而好学生则备受关注，有更多的机会做事情、受表扬等等。

马太效应是有其心理危害的，它会在教育中形成自傲和自卑的对立。对好学生过分偏爱的教师，其所带的班级往往会发生这样的问题：一部分人自负自傲，孤芳自赏，而另一部分人缺乏自信，自暴自弃。教育中的马太效应使得少数学生成为精神"贵族"，多数学生成了受冷落的"被弃者"。

毫无疑问，我们应该防止这一教育的负作用，用反马太效应的方法为每个学生的健康成长创造一个良好的心理环境。

处理这类问题，一个很重要的突破点就是解除学生的感情"冰块"。教师可以运用反马太效应的方法，解决情绪消极学生的心理问题。因此，教育中反马太效应的关键在于使教师克服定势心理，对学生树立发展的观念。每一个班级学生的知识、经验、能力和起点各不相同，教师要相信各个层次的学生都有学习的潜能。

反马太效应是相对马太效应而提出的，反马太效应要求教师要对学生一视同仁，不可对好的学生过于"偏心眼"，相反，要更多地照顾后进学生，给他们以帮助和温暖。在教育管理上，要追求"大面积丰收"，使每个学生都能得到老师的关怀。

手心手背都是肉

对师生间感情冷漠甚至敌对的学生，可以用委托责任的办法进行感化。

柯里纳曾经成功地运用过这种方法。他面对心存敌意而不信任教师的学生杰森，两次让他只身一人带着武器去取教育学院所需的 2500 美元。这种包含着百分之百信任的委托，使杰森大受震动，第一次感受到了自己的尊严和价值。从此他不仅改变了对教师的态度，也改掉了自己的恶习。

如果教师恰当地交给学生一些事情，使其感受到教师的信任和关心，体会到成功的快乐，是能产生良好的教育效果的。

此外，利用师生交往中的多重传导关系进行巧妙安排，有意让有问题的学生听到教师的间接评价，也可以改变学生对教师的态度。

通常，师生间的交往关系具有多重性，有直接的传导关系，也有间接的传导关系，后者往往又有再传导的可能。这种师生间的间接传话更易让人相信，更能温暖人心。教师如果正确地运用这种传导关系，把对某个学生的肯定性评价间接地传到被评价者耳中，将很利于缓和师生间已造成的紧张和敌视心理。

当然，中间传导也有消极的一面，容易发生添枝加叶、传话走样的问题，对此教师要予以注意，尽力避免。

总之，教师要尊重每个学生，照顾每个学生在不同情况下的自尊心，给每个学生以关爱，要树立"手心手背都是肉"的教育观念，摆脱马太效应的误区，以反马太效应的正确教育观，解决学生的交往冷漠的心理。

影响学业的重要原因

优秀的教育表现，出于若干真正重要的原因；杰出的教育成果，来自若干取向或方法。如果我们能找出这些原因和方法，增加它们出现的频率，我们的教育将会取得长足的进步。一些教育学家曾经做过有关这方面的研究，以下是研究的成果。

布鲁金中心针对500所美国中学进行调查，试图了解究竟是哪些因素影响学生的学业表现。结果发现，最重要的因素是学生本身的性格与态度，而这两者主要是由家庭背景决定的。

学校的目标，是让所有学生都以积极的态度投入到学习中。要想达到这种目的，就应该确保所有的家庭都参与到社会财富的创造过程中，并拥有一定的资产。就短期目标而言，学校必须从现在的教材着手，不再让学生产生厌学心理。

这份研究还发现，除了学生的性格和态度之外，第二重要的因素是学校本身。有些学校明显比其他学校优秀，一般人会猜测，原因可能是学校的经费、教师的薪水、平均花在每个学生身上的经费、班级大小、学生从学校毕业所必须具备的条件等等。

实际上，这些影响都不大，真正重要的因素是父母对孩子的掌握、学校的教育目标明确、领导能力、学校自主、老师拥有教学自由与获得学生敬重。但大多数学校并没有对这些因素进行扩展，加以鼓励。

其实，如果我们让老师和父母多拥有一点管理学校的权力，既可以减少花在教育上的公共经费，教育的结果也可以大大改善。

此外，是否取得优秀的教育表现还涉及教育方法的问题。《学习的革命》一书对其进行了更深入的研究，并提出了一些被证明十分有效的方法：

在新西兰的法莱克斯梅，表现落后于同龄学生5年的11岁学生，在以录音带当作辅助的阅读教材后，10周就赶上了同龄孩子。

一项美国军队的试验显示，使用了附有解释学习技巧的书后，士兵学习德文的速度比预期快6.6倍，也就是在三分之一的时间即超过预期的两倍进度。

在英国瑞迪(Redditch)的布利德雷·穆尔高中，用加速的方式让学生学习外语。本来用正常方法时，只有11%的学生得80分以上；运用新的方法后，有65%的学生可达80分以上。以正常方法只有3%得到90分；新方法使38%的学生得 90 分以上——比过去增加 10 倍。

　　《学习的革命》一书的重点是：把最有用的办法，用在生活中最重要的地方。总是会有一些少数的方法、应用者、原因和方式，能产生惊人的结果。找出这些，然后加大对它们的运用。如此一来，不仅仅只是改善现状，而且会进步倍增。

　　要想彻底解决教育问题，就应该采取最有用的方法。这里所指最有用的方法不仅是指验证后确实有效的方法，也包括建立正确的教育结构。学校自己掌握自己的发展，同时也要使父母和老师有机会尝试自己的想法。

我们不需要天才

　　"认为像美国那样弱肉强食的社会不好的请举手。"

　　"哗——"

　　在瑞典斯德哥尔摩市郊的一所基础学校（相当于小学到初中），面对来访外国人的提问，六年级某班的约三十名学生齐刷刷地举起了手，令提问者吃了一惊。

　　"为什么不好呢？"

　　"因为只有少数强者胜利的社会不是民主的社会。"一名男生回答说。

　　与"天才"一词有着剪不断的联系的诺贝尔奖诞生地瑞典，其学校教育的理念却是——与其培养一个天才，不如没有一个人掉队，提高全社会的整体素质。

　　谙熟学校教育的哥德堡大学教授本格特·埃德斯托姆说："瑞典是一个小国，如果不发挥每个人的能力，整个社会就无法正常发展，所以很自然的，我们必须建立一个平等的社会。教育学生怎样加强人的团结共进，怎样在弱肉强食的自然生态法则下保护人类社会，这就是教育的重要课题。"

米凯尔·廖夫格兰执教的成人学校在南部一个小村，由政府和地方工会主办，150名学生的年龄从25岁到54岁参差不齐，其中一半是失业者。

据该校的教师介绍，班级里没有学生是为了念大学而来学习的。54岁的沃尔夫·特雷松原来在机场工作了13年，最近失了业，今后他打算在村里当一名业余生活辅导员。35岁的安·哈格曼是两个孩子的妈妈，曾做过动物饲养员，因为膝盖得了风湿病而失业，现在她想研究环境问题，以后从事这方面的工作。

像这样的成人再教育当然需要花费较大的社会资源，但是，整个社会对此都没有异议，政府甚至还计划增加成人学校的入学人数。本格特·埃德斯托姆教授说："只要生活在这里的人们能幸福，就算多纳一些税，人们也会认为是'社会的润滑剂'而乐意支付的。整个社会已经形成了这样的舆论风气。"

瑞典国民的税金负担率高达56%，加上社会保险的负担，达到75%。尽管这样，人们依然支持国家实行的福利政策，反对美国那样的弱肉强食型社会，他们觉得极少数人腰缠亿万财富，而大多数人处于失败者位置，是社会最大的悲剧。

这种认识反映到教育上，便是"我们不需要天才"。瑞典不会将社会资源集中在培养少数精英上，只要受教育者具有健康的身体，健全的道德心、责任心和团结共进的精神，就是成功的教育。不像有的社会，天才是不少，可惜这些精英大多道德心和责任心不健全，能说是成功者吗?

人不能没有对他人的爱。而在有些国家，失业或生活在底层的弱势群体被视为智力低下或不愿努力的人，对他们寄予同情会产生"道德风险"——结果是，人们只知道竞争，只追求自己的利益，导致社会不安定，毫无幸福可言。瑞典人的理念却是：献身于他人的成功，自己才会成功。这种团结互助、共同发展的原则根深蒂固，越来越多的人告别了竞争型社会，而选择与他人携手共进。这不能不说是瑞典教育的成功之处。

科学界的"精英"垄断

科尔兄弟曾对科学界（其实是美国物理学界）的社会分层问题做了详细的研究，并得出了两个重要的结论：

1.科学界是由一小群有才智的精英统治着的，所有主要的承认形式——如奖励、有声望的职位和知名度等，都被一小部分科学家垄断；

2.大部分科学家的工作对科学发展的贡献很小。

明显地，这一小群有才智的精英就是学术权威，他们是社会分层的结果，是马太效应的产物。

1973 年，美国科学史研究者罗伯特·默顿只用一句话就概括出了这种科学界的马太效应："对已有相当声誉的科学家做出的科学贡献给予的荣誉越来越多，而对那些未出名的科学家则不承认他们的成绩。"

名人与无名者做出同样的成绩，前者往往上级表扬、记者采访，求教者和访问者接踵而至，各种桂冠也会一顶接一顶地飘来。这时，成名者如果没有清醒的自我认识和理智的态度，往往会在人生的道路上跌跟头。而无名者无人问津，得不到鼓励，甚至还会遭受非难和打击，最终变得庸碌无为。

但马太效应在科学界并非毫无益处，一方面，它可以防止社会过早地承认那些还不成熟的成果或过早地接受貌似正确的成果；另一方面，它所产生的"荣誉追加"和"荣誉终身"等现象，对无名者有巨大的吸引力，能促使无名者不断奋斗。从这个意义上讲，马太效应对社会的进步和科学的突破是有其积极意义的。

诺贝尔奖只给名人

在诺贝尔奖的评选当中，马太效应的表现也十分明显。有人说，诺贝尔奖只会颁发给名人，是名人抬高了诺贝尔奖的社会声誉，而不是相反。确实，在获得诺贝尔奖之前，许多科学家、文学家都已是著名人士，他们的成就早已得到举世公认。

在自然科学领域，许多诺贝尔奖得主，在获奖之前就已名闻天下，因此授予他们诺贝尔奖是人心所向、预料之中的事。

由于主导着科学领域的方向或潮流，他们的论文也早已被广泛引用，因此不授予他们诺贝尔奖几乎成了不合时宜的事情。如1967年出版的《科学引文索引》中，引用频率最高的4位科学家，在5年之内，都相继获得了诺贝尔奖：盖尔曼1969年获物理学奖，巴顿1969年获化学奖，冯尤勒1970年获医学奖，赫兹伯格1971年获化学奖。

盖尔曼1961年发表的关于基本粒子分类的论文，当年就被引用了150次，可见当年他就已经誉满世界物理界。1967年物理学奖得主贝斯，在1926年至1935年发表的论文，直到1965年每年被引用次数始终保持在28次以上。广泛引用是科学界承认的一个重要标志，持久引用则是其生命力强盛的标志。

还有研究表明，在1961至1971年的10年时间，诺贝尔奖获得者论文被引用的频率平均达到了222次，是《科学引文索引》中标准作者平均引用频率的40多倍，是美国科学院院士论文引用频率的2倍。

在1965年至1969年间，诺贝尔奖获得者们早在20多岁时发表的论文，在相隔30多年后仍然被大量引用，平均每年引用的次数不低于8次，与之形成鲜明对比的是非诺贝尔奖获得者的论文，每年被引用的次数才0.5次，仅为前者的1/16。如此广泛的引用，使它们的作者早已成为科学界的明星，成了学科的奠基人。

如果在大学工作，诺贝尔奖获得者更容易晋升为教授。统计结果表明，37岁似乎是一条分界线，诺贝尔奖得主多在这个年岁之前成为教授，非诺贝尔奖得主多在这个年龄之后才得到晋升，所以诺贝尔奖得主往往比其他人早5年成为教授。

具体到每位获奖者，差别更具有戏剧性，有的不到30岁就晋升为教授，如1927年、1939年、1952年、1963年物理学奖得主康普顿、劳伦斯、布劳克、维格纳，1933年生理学或医学奖得主摩尔根等等。特别是康普顿，在致力于康普顿效应研究前 3 年，即 28 岁时，他就被华盛顿大学任命为教授、物理学专业负责人。这么年轻就成为教授，声威大震，他当然也成了校园里的明星。

英国科学家迪拉克，26 岁确立正电子的数学理论，28 岁成为皇家学会会员，31 岁获得诺贝尔物理学奖（1933 年）。对当代遗传学之父摩尔根来说，诺贝尔奖几乎是最后的奖赏。在 1933 年获得诺贝尔奖之前，他已经是国际名流，1900 年任美国遗传学会、美国形态学会会长，1909 年任美国博物学会会长，1910 年至 1912 年任美国实验动物学会会长，1927 年至 1931 年任美国科学院院长，1930 年任美国科学促进协会会长，1932 年任国际遗传学大会主席。

许多得主都同摩尔根一样，在获得诺贝尔奖之前，已经赢得了一打荣誉称号。所以，每当诺贝尔奖委员会公布获奖名单时，人们往往认为，这些家喻户晓的著名人物又获得了一项奖励。

马太效应与学术腐败

在学术领域常常有这样的现象，只要某一"教授"因某一成果而"著名"，比如曾在核心刊物上发表过有影响的文章，只要他处在有利的学术地位上，那么，这种学术声望就可以通过马太效应的作用不断扩大。

由于掌握着学术权力，在各种评奖中，只要有他在，根据面子法则，众评委特别是他的学生评委或要给他面子，或要与他交换面子，他总会在评奖中拿到高名次。依靠学术评奖来合法地剥夺无名学者的名声，这样的"著名教授"必然越来越"著名"。

久而久之，这样的"著名学者"将越来越远离学术，越来越重视学术权力。没有学术著作却要占有学术权力，他们只能营造虚名、制造泡沫学术。这样一来，泡沫学术会越来越多，学术腐败将愈演愈烈。

学术界历来是马太效应得以充分显示的领地。没有成名之前，是你的学术成果也不被承认属于你；成名之后，不是你的成果也会被列在你的名下，真可谓"十年寒窗无人识，一举成名天下知"。

因此，对于学术腐败来说，仅靠少数学者的义愤、呼吁和实名批评是无济于事的，它或许能纠正一两次评奖的弊端，却无法扼制学术腐败的根源，因为上述机制已经造就出不少这类没有学术的"著名学者""著名教授"了。由于这类文章不通、逻辑混乱，连高中作文都不如的"著名教授"层出不穷，他们唯有靠这种机制才能维持和延续其学术生命。

今天，要让他们凭良知退出学术舞台，让出学术霸权，那根本是不可能的。而因噎废食，取消学术评奖，则不仅无法清除学术腐败，还将挫伤政府支持学术研究的积极性。

当然，这种马太效应对于建立优胜劣汰的筛选机制不无裨益。但是，切不可人为地使贫者越贫，富者越富。如果这样，恐怕就不是优胜劣汰了，而是不分优劣，完全按既定的名分分配利益罢了。